当自然赋予科技灵感

后浪出版公司

人类的发明智慧，常常源于自然

当自然赋予科技灵感

[法]玛特·富尼耶 著 [法]扬尼克·富尼耶 摄 潘文柱 译

1 由插画师蒂特瓦内（Titwane）在速写本上绘图和做注，来讲解“科学原理”……

2 从 a 到 i：绘制工具

江西人民出版社
Jiangxi People's Publishing House
全国百佳出版社

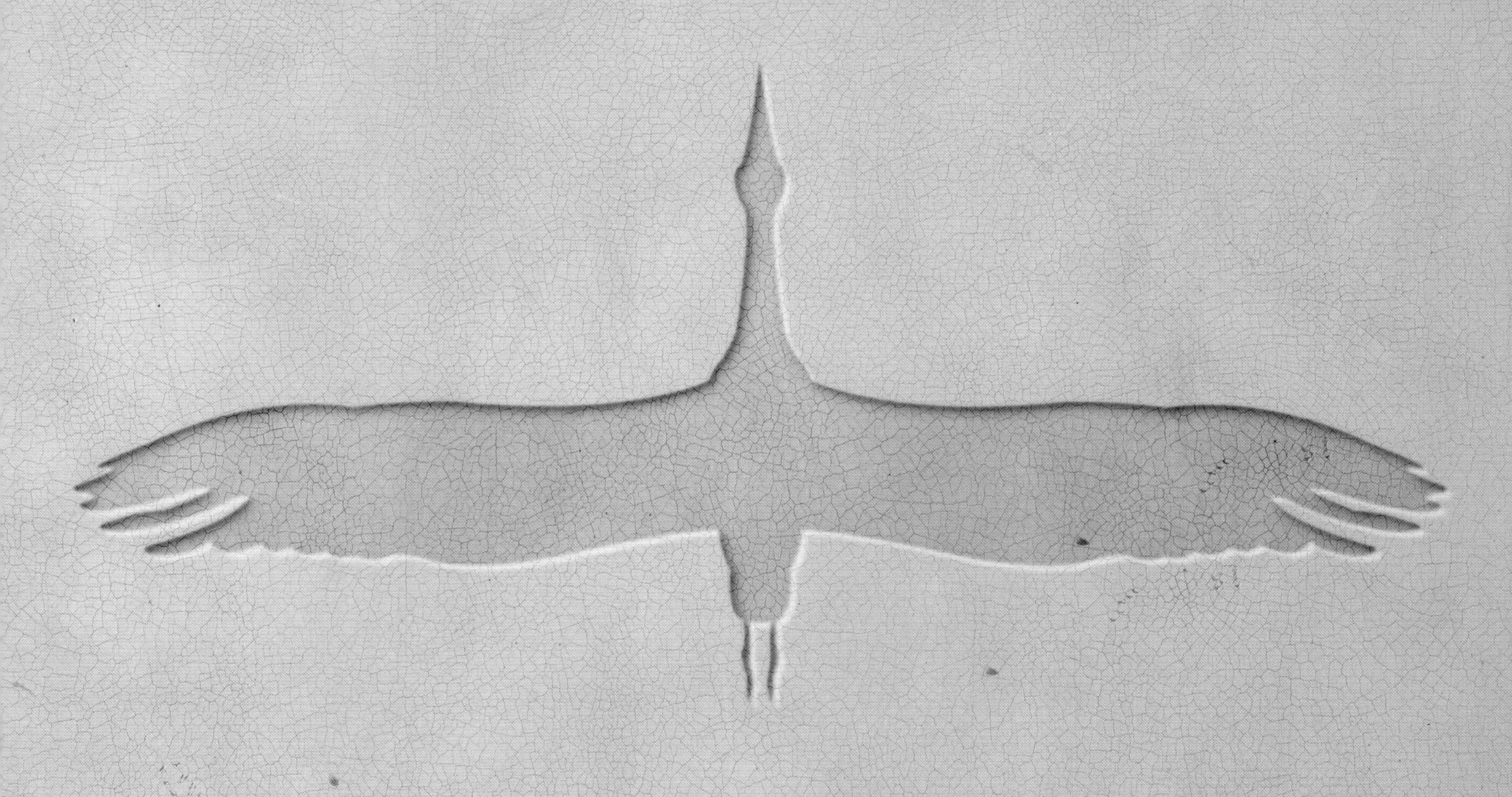

前 言

仿生学是什么?

仿生学，是代达罗斯（Daedalus），他为了带上他的儿子伊卡洛斯（Icarus）逃离囚禁他们的岛屿，而制作了飞鸟的翅膀。那双翅膀如此完美，以至于年轻的伊卡洛斯忘记了自己并非一只鸟，竟冒着生命危险飞向太阳——我们都知道结局是什么。在对这则神话的阐释中，我们常常忘记代达罗斯的天才发明，他实现了人类的梦想——飞翔，而且他是通过研究与模仿自然而实现的。

仿生学，是中国的一个村子，宏村。那儿的居民在800年前，将村子布局成了一头牛的样子。不过这并非简单的形状上的模仿，因为宏村拥有一套依照该动物的消化系统而修建的水利网络。仿照动物肠道而挖掘的水道可使净水流经居住的地方；污水则汇集来灌溉农作物。

仿生学，是一位英国园丁，他在缺少一个足够大的温室来庇护他视如掌上明珠的巨大睡莲的情况下，从睡莲的叶子中得到启发而建造了一种新型温室。这里所说的温室成为了一种新型建筑的起点，它使得玻璃护板的组合成为可能；这位园丁，约瑟夫·帕克斯顿（Joseph Paxton），出于他对建筑学的贡献，大英帝国授其为爵士。而那种睡莲叫做维多利亚睡莲（王莲），帕克斯顿是第一个成功让它在温室中生长的人。

仿生学，显而易见，就是对生命体的模仿，对自然过程的模仿，目的是创造新的技术或改良已有的技术。这本书讲述的是动物以及植物如何启发了发明家、工程师、建筑师、科学家……这些例子都发生在久远的过去或者更近一些的时期。本书也讲述了仿生学如何成为现代科学研究中最有前景的学科之一——无论是在发现还是在发明方面，它都拥有迷人的前景，尤其促进着环境无害型技术的发展，如无污染科技、可循环材料、可再生能源，以及显著减少能源消耗甚至零消耗的新技术……所有这些都像一个温柔的梦境。然而，它们的可能性——技术解决方案——都已经在大自然中呈现了。如空气调节系统和零能耗集水方案，都已经存在了。有些发明已经上市销售了，比如“天然”的抗菌外层（它由于表面的结构而变得抗菌，而非借助于化学物质）、一种不含任何有毒物质的工业木胶，以及建筑的自动清洁涂层——这三种产品分别模仿了鲨鱼、贻贝以及莲花的特性。

书中所描写的一些发明和方案会让人想到科幻小说，因为如今仿生学对尖端科技的影响显而易见。如太空探测器会像飞蛾一样飞行，太阳能板能像绿色植物一样进行“光合作用”，飞艇可以像鳟鱼游动一样推进……所有这些发明都是极其严肃的，而且，在短期和长期之内，它们都会成为我们现实生活的一部分。

不断重启的历史

仿生学这个词语是新近产生的，但它的历史却并不短暂。事实上，我们不知道最早的人类科技是如何诞生的，也对最初的发明者知之甚少……

不过，我们却能知道，人类住得离大自然越近，他们就越模仿自然——显而易见。比如，生物学及仿生学学家戈捷·沙佩勒（Gauthier Chapelle）认为，因纽特人应该是从北极熊的巢穴中学习了如何建造他们的冰屋——这些冰屋同样具有空气调节系统。一种动物教会人类某种技能或者某种生产秘诀，此类传说多不胜数。在北美洲的沙漠里，或许就是胡蜂里的工蜂教会了印第安人如何用黏土建造他们的住房——这种住房神奇地抵挡了外部的炎热。在非洲，或许就是白蚁讲授了建筑的艺术——同样是这些白蚁，使得一种零消耗空调系统在20世纪末被投入使用。

仿生学的历史是一段不断重启的历史：在每一个时期，人们都从大自然中探寻解决技术难题的方法。比如，航空技术的先驱们花费数年时间观察鸟类、蝙蝠、昆虫甚至种子的飞行。

这同样也是一段永不完结的学习历史：人类的技术不断发展，我们对自然的认识以及对自然的观察方式也在不断革新。例如，扫描式电子显微镜使生物学家威廉·巴特洛特（Wilhelm Barthlott）通过观察最终发现了莲花效应，这项发现促成了自洁外层的产生。

仿生学的历史同样也是爱好者们创造的历史：自然学家、发明家、工程师、生物学家、建筑师……所有人都以各自的方式，为大自然的精巧和富饶着迷（不过，这并不代表他们是现代意义上的“生态学家”）。

同时，仿生学的历史还是不同学科知识相遇、共同发现和相互碰撞的历史。

飞行的先驱们

列奥纳多的扑翼机

是谁说过“鸟是一个遵照数学原理运行的工具，人类需要做的，就是造出一台足以复制它每一个动作的机器”？毋庸置疑，是列奥纳多·达·芬奇（Leonardo da Vinci）。正是他在15世纪开启了我们今天所了解的生物仿生学。

在列奥纳多所有的研究与工程计划中，占最重要地位的是他为之着迷的“学习飞行”。在他看来，只有以“数学的方式”，也就是科学的方式，来观察动物才能得到答案。他的素描本记录了他对鸟类、蝙蝠以及蜻蜓等动物的飞行动作和技术的细致入微的观察。在所有的飞行方式中，他特别关注的是鸟类的扑翼飞行，他对这种飞行方式从起飞到着陆做了分解观察。正是以这种方式，列奥纳多·达·芬奇将躯干中心与推力中心分离，这成为了所有飞行器研究不可或缺的一个过程。他同样致力于对鸟类翅膀的观察，观察它们的解剖学构造、羽毛分布以及羽毛的结构。

对扑翼飞行的研究促使他设计了一种由人力推进的飞行器——扑翼机（Ornithopter，在希腊语中，*ornithos* 意为“鸟”，*pteron* 意为“翅膀”）。列奥纳多·达·芬奇在1485年完成了扑翼机的初稿：它的两片巨型翅膀由一个滑轮装置带动，滑轮装置则由脚踏板提供动力。

不过这个飞行器存在一些显然无法解决的技术问题：首先，在那个时期能使用的材料都太重了——按照扑翼机的设计稿，它将会超过300kg；其次，即使是以强壮的腿而非手臂驱动，人类的肌肉占体重的比例依然比鸟类小得多——人类无法够快地扇动翅膀来让机器留在空中。

在扑翼机之后，列奥纳多·达·芬奇专注于研究掠食性鸟类的飞行——滑翔飞行。四百年余后，这成为了奥托·李林塔尔（Otto Lilienthal）的选择，而且正是李林塔尔促成了最初的滑翔机的顺利飞行，虽然他并非从掠食性鸟类，而是从鹳的身上汲取灵感（见第106页）。

列奥纳多·达·芬奇还绘制出了人类所知的第一个悬挂式滑翔机的模型。这是一个可操作的模型，后来的复原模型已经为此提供了证明。至于扑翼机，它所面临的问题并没有被19世纪的航空发明家们解决，而是再过一百年后由美国发明家保罗·麦卡克莱迪（Paul MacCready）解决，保罗·麦卡克莱迪首次让一架人力推动的机器成功飞行（见第108页）。而根据列奥纳多·达·芬奇的设想而制作的第一架扑翼机直到2010年秋天才出现，它由加拿大多伦多大学的师生共同制作，被称为“雪鸟（Snowbird）”。这架扑翼机有32m长的翼展（接近波音737的机翼长度），接近43kg的质量。其翅膀的长度和灵敏性使得它能够持续拍打，产生维持一定高度的动力。虽然可以说这只是一项特殊的试验，但制作了“雪鸟”的团队看中的却是在它身上蕴藏的航空发展的灵感源泉：列奥纳多·达·芬奇设计的扑翼机提供了依靠自主能源飞行的最初模型之一。

乔治·凯利的动物图集

“航空之父”——英国人这样称呼乔治·凯利（George Cayley）。在19世纪，这位天才的工程师研发了数不清的飞行器。更重要的是，正是他建立了关于飞行原理的科学基础，其中就包括用尾翼来平衡飞行器的必要性。我们还得留意到，凯利同列奥纳多·达·芬奇一样，从来没有亲自制作过在他所处时代的技术条件下具备起飞可能性的机器。

与列奥纳多·达·芬奇一样，凯利也专注于大自然提供的模型。在1808年，他确定了他自己的扑翼机模型，设计灵感来自苍鹭——为了更近距离地观察这种动物，他在自己的府邸内用猎枪打下了一只……他的扑翼机复制了受害动物的外形和比例。然而，凯利并没有仅靠观察鸟类来设计他的模型。在飞艇发明二十五年后，这位英国工程师改善了自己的飞艇模型，而灵感来自鳟鱼（见第86页）……植物，尤其是植物的种子，也向他提供了更富有成效的模型：枫树的翅果（见第38页）让他构想出了螺旋桨的基础结构；而蒲公英则让他设计出了锥形降落伞。

作为严谨的工程师，凯利并不满足于复制或者发明新的机器外形，他同样借助系统化的计算；他知道，一架机器如果不是从推动系统到外形都完美无缺，那它就不能飞行。出于这样的理由，他开始设计一种他宣称的“最少阻力的坚固外形”——这契合后来人们所熟知的流线型。根据乔治·凯利的计算，这种“最少阻力的坚固外形”正好对应海豚的身形。20世纪70年代，即一个多世纪以后，关于层流的研究证实了凯利的直觉：与金枪鱼一样，海豚也是这一领域的学习榜样。

1857年凯利去世后，还要经过好几代人的时间，才等到第一架悬挂式滑翔机在1891年的首次飞行。随后是最初的飞机在20世纪初面世。航空历史上最初几十年里的这些先驱们的灵感大多来自动物：阿代尔（Ader）的蝙蝠、埃特里希（Etrich）的鸽子、李林塔尔的鹳……

然而这只是一个开始。在整个20世纪，航空历史上写满了由细致观察自然而得出的发现。猛禽强有力的飞羽启发人们修改机翼的外形以避免颠簸；海豚的皮肤使得开发一种减少空气阻力的涂层成为可能；群飞的候鸟为共同飞行的飞机给出节省燃油的提示……

机器仿生学：当机器模仿自然和人类

如果我们模仿的动物是人类，这还算是仿生学吗？在20世纪中期，就像一百年前的航空科学那样，机器人科学吸引了研究者和大众的兴致。随之而来的，是创造出人造的人类复制品的美梦（或者噩梦）。几十年后，这种痴迷和它所引发的恐惧已有一些消退。不过，在这种背景下产生的科学——机器仿生学（bionics，可译为“仿生学”。一般认为bionics这个词和这门学科是在1960年由斯蒂尔首先提出。但在法语环境中，该词对应*bionique*，通常指从动植物身上获取灵感来创造新的科技，可以说是狭义的仿生学。——译注），取得了令人赞叹的进步。

20世纪60年代初，“机器仿生学”一词通过美国代顿的一场会议而得到传播，这场会议聚集了来自世界各地的科学家。

这场会议的倡导者是杰克·斯蒂尔（Jack Steele），美国军方的研究者和军官。当时冷战正酣，杰克·斯蒂尔意识到一些或许能为生物学打开前进大门的可能——如果它们是在武器领域得到开发的话。从间谍机器人到水陆两栖的越野运载工具，从超强机器人到变异动物……这是一个世界的开端，它会为科幻小说提供素材——但不止于此。

代顿的会议标志着杰克·斯蒂尔所称的“机器仿生学”的研究者的第一次聚集。他将这门学科定义为“模仿生物原理来建造技术系统，或使人造技术系统具有生物系统特征或类似于生物系统的科学”。这样的定义不仅包括模仿人类的发明，而且还与仿生学定义有部分相交。

不过，机器仿生学这一术语如今更多地关联着机器人科学和修复学——就是模仿生命体，以及研发能够“移植”到生命体中的人造肢体和器官。

我们还记得20世纪60年代和70年代在漫画和电视连续剧中出现的人物的“仿生”四肢。几十年过后，它们几乎成为了现实。这种肢体尤其得益于人造肌肉的发明，它能够遵从电流刺激反应。

人造肌肉由一种新型材料——电活性聚合物制成，在20世纪的最后几年里研发成功。不足之处是它在力量方面还有待提高。在最后的实验中，它在力量方面还是比人类肌肉差了许多……

另一方面，凭借目前神经学上的知识已经足以造出一种既模仿人类肢体外形，又遵照主人的神经命令的假体。而且，在不远的将来，它能够向大脑传导信息，让它的穿戴者能够“感受”到它在触碰某些东西。

争夺空间的动物–机器

一只甲壳虫与一台计算机有哪些相似之处呢？答案远远多于我们能想到的。在科幻作家们的想象中，机器人就如同人类的复制品。

事实上，今天的机器人研究将希望寄于动物身上。动物们——甚至在某些情况下，还有植物们——能够教给机器人的，首先就是它们的移动方式。动物的移动方式多样且绝妙，挑战着人类运载工具的原则。某些动物能在水面上或天花板上行走，或者比任何直升机都能更稳定地悬停，或者能从一道裂缝潜入物体内部，或者能在地底下穿行……动物们掌握了无数工程学问题的答案，只要我们能成功地模仿它们。

如果说动物们的移动方式极其高效，那首先是因为它们能够适应它们的生存环境。请想象一个必须在海底走动的机器人：还有比能抵抗着水流在礁石中行动的甲壳类动物更好的学习榜样吗？这就是机器龙虾，一个机器人 - 龙虾的结合体（见第 60 页），它专门用于探索海岸边的水下部分。同它的模仿对象一样，这个机器龙虾也具有一个能够抵抗外界压力的甲壳；除此以外，它的外形也使得它能够在重力小于地面的水中依然保持紧贴海底。机器龙虾只不过是数十种忠实模仿动物的外形和移动方式的机器人之一。机器蜗牛（RoboSnail，名字来源于一种水生蜗牛）——一种能征服空间的机器——同样能在水下移动，不过需要黏附在载体上。机器七鳃鳗的发明能让人更深入地理解爬行动作和“感受器”，即将神经冲动从身体的一部分传导到下一部分的接收器。另外，还存在机器蛇、机器鱼、“仿生企鹅”（见第 110 页）、用苍蝇或者胡蜂的方式飞行的机器人、像水母一样移动的机器人……

一种移动方式如果已经完美地适应了一种环境，并不意味着它应该就此却步。在本书的例子中，一种动物和一种植物成为了探索火星的榜样。动物正是天蛾（见第 140 页），它启发了人们发明多模态电子昆虫——达·芬奇扑翼机的一种变形后代，这种器械能够在火星的地面上飞行，并且能在地面上停留和采集样品。植物则是风滚草（见第 34 页），西部片里的神圣植物，它能在地面上滚动行走。

这两项发明的相同点，在于它们揭示了仿生学怎样让研究者通过借鉴已经存在（通常是存在了上千年）的方式来跳出思维局限。

传递感受，处理信息

机器人从动物身上学到的，还有接收信息和处理信息的方式——也就是说，它们的感官和它们如何使用感官。在视觉、听觉、味觉方面，昆虫和软体动物与哺乳动物有极大的差异；前者更为简单，更有可能被分解成一台机器能够利用的机制。如今的机器人研究的重点在于信息的处理，这里的信息指的并非是由机器人的“操控者”向它们传递的信息，而是由机器人所处环境反馈给它们的信息。为一台机器人安装摄像机并且处理由摄像机所传递的图像是更简单的（相对而言），但教会一个机器人自主处理它“所见”的图像，则更加困难，哪怕只是绕过一个障碍物。而正是在这方面，机器人能够获得更大的自主性。

举个例子，一条鱼感知到一个障碍物并调整前进方向的方式可以被分解成不同的步骤，而且这些步骤与人类的眼睛和大脑之间传递信息的方式有极大的差异。更何况眼睛并不一定都承担主要的功能：许多种类的鱼都有一种特殊的感觉器官——体侧线（这个名字源于该器官穿过身体侧部），这个器官使得动物能够探测水流的颤动，然后立即改变方向。

由此产生了斯路奇（Snookie），一个拥有接收器的机器人，而它的接收器模仿了一种淡水鱼——墨西哥盲鱼（*Astyanax mexicanus*）的体侧线。斯路奇能够自主移动，并且避开障碍物。尽管斯路奇目前只处于实验阶段，但这类机器人在将来或许能够产生实用价值，比如检查以及清理管道，或者进行水下探索。

引导斯路奇移动的装置不过是机器人感官探测器的一种可能的应用实例。龙虾的触须（见第 60 页）上有能够探测气味的化学接收器，加利福尼亚的研究者已经能够模仿这一机制，并且正在据此研发能够探测水底污染、石油泄露等问题的机器人。有一些动物，比如电鳗（见第 82 页），确定自身位置时靠的是电磁定位——通过释放像雷达波段那样传输的电流，模仿这一定位方式的机器人也正处于研究阶段。

更宽泛地说，动物能够教会机器人如何反应、如何传递反应，以及如何学习。这方面最好的例子是机器老鼠普斯卡尔帕克斯（Psikharpax，见第 118 页）。它的设计者们并没有费力复制人类的智力，反而致力于模仿一种更为简单的智力——老鼠的智力。普斯卡尔帕克斯的“大脑”是一块能够处理信息的芯片，信息则来自摄像机和感觉接收器。这块芯片能够学习如何处理数据，以便让这只老鼠能（例如）获得食物（也就是成功地接上安置在实验室不同角落的电源插头）。普斯卡尔帕克斯使得它的发明者们能够直接观察它的学习过程——比一个真正的动物要慢了许多！这种已经在全世界开展的、与普斯卡尔帕克斯同类型的“动物机器”实验，对机器人研究和生物学研究有同样的价值，因为在这样的实验中我们可以获得一种新的视角去分析动物行为。

群体活动：当昆虫启发计算机

动物还是团体协作的良好榜样。颇具戏剧性的是，我们通常将组织、交流和团体凝聚力看作人类的特性。然而，动物社会也被证明极具教育意义。

对它们的模仿是当今仿生学最重要的路线之一。一群鸟如何保持方向一致地飞行？它们当中的成员怎样做到互不干扰、互不相撞，也不掉队？这是计算机科学家克雷格·雷诺兹（Craig Reynolds）在设计一种虚拟生命程序时向自己提出的问题。在 1986 年，他成功地对鸟的群体移动建模，也就是说，他用计算机能识别的语言翻译了这种群体移动的规则。

雷诺兹得出了三个主要原则：分离原则（与邻居保持一定的距离）；对齐原则（保持与邻居一致的前进方向）；凝聚原则（根据邻居间的平均距离保持自我的位置）。雷诺兹的虚拟生命程序曾经（如今也在）被用于动画电影和电子游戏的制作，然而，它实际上大大地超越了这一个范畴。

在机器人研究中，雷诺兹发现的规律能够协调数个自主机械的工作，并且使其保持团体队形。更重要的是，上述的三条原则中还能增加新的命令，比如去往一个目的地、躲避障碍物、对区域实行分区控制等。

同样，昆虫的团体协作也是一个绝佳的榜样——不是对于人类而言，而是对于计算机。不同于人们所认为的那样，成群的蜜蜂、蚂蚁或者白蚁的智慧，并非集中在一个王后的绝对权力上。一个动物种群不仅能够拥有数个王后，而且后者绝对不知道在另一个巢穴中发生的事情。比起同一种群中的其他角色，王后拥有下达命令或者指示的权力。群体的智慧并不在于对一个中央大脑的服从，而在于一种由许多简单互动相连的沟通方式——与雷诺兹得出的领航原则同样简单。这样的方式会让人想到计算机的运作：通过大量的二进制符号得出合适的答案。

因此，目前许多已运行和在计划中的软件都尽量模仿一群而非一只蜜蜂的思维方式（见第 130 页），这并非是一个巧合。蚂蚁和蜜蜂拥有许多对计算机而言极有价值的方式，尤其是它们构成网络的方式：寻找离源头（食物源头，或者信息源头）最短的路径；持续按需分配工作而不浪费劳动力；使得由个体组成的群体（或者信息）得以运转而不停滞；或者在尝试过多种方式后选择最佳解决方案。

丝、甲壳和叶子：有机材料，最理想的材料

一只蜘蛛，一动不动地栖息在窗台的边缘。当一个阴影靠近时，它已经下落了——沿着一条它自己刚刚生产出来的丝，一条以极快的速度按需生产的丝，一条能够承受巨大重量的丝……哪一种人造物能达到这样的要求？

这并非只是在赞叹大自然，而是我们留意到，现如今，大自然所生产的材料比所有靠人类科技生产的材料都更坚固。蜘蛛丝比钢铁和凯夫拉纤维都更坚固，正如尼龙在过去的几十年间所起的作用一样，蜘蛛丝也会成为未来重要的人造材料。根据蜘蛛丝设计出来的纤维，除去巨大的市场不说，它还是生物可降解的……这些都将成为现实；而这应归功于生物化学——对细胞内部的化学反应的研究。

蜘蛛丝由蛋白质组成，大多数的自然材料也是如此，包括组成人的身体的材料。胶原蛋白——骨头、皮肤和结缔组织的重要组成部分，是一种蛋白质。角蛋白——组成头发、指甲、兽角和羽毛的成分，它也是一种蛋白质。事实上，几乎所有的生命形式都包含蛋白质——它有着难以想象的宽泛用途。从分子成分上说，蛋白质是由氨基酸链组成；不过，虽然存在着上百种氨基酸，却只有二十几种能够参与天然蛋白质的合成。种类有限的原料，却产出几乎数不尽的材料：对于生物技术来说，这是前景，也是谜团。

对蛋白质的赞叹同样适用于碳水化合物。多聚糖（糖类）组成了生命世界的大部分。植物纤维、昆虫甲壳、脊椎动物的软骨……所有这些材料都应该将它们的结构、坚固性、弹性、强度或者柔韧性归功于多聚糖的特性。多聚糖还可以作为一种储备能量，比如葡萄糖——这就是某些植物生产淀粉时的情况。多聚糖还可以作为结构材料（换句话说，它是一种天然的建筑材料），比如木材的纤维素和昆虫甲壳的几丁质。纤维素——构成大部分植物的材料——是十分值得（但也很难）模仿的。纤维素极其坚固（谁在切断一根花茎的时候没有感到困难？），不管是坚固还是柔软、纤细还是厚实的材料，它都可以组成——正如植物世界的多样性所展现的那样。例如，我们能够想象以植物生产纤维素的方式生产的布料，这种布料将拥有如今的人造纤维不可能拥有的特质：生物可降解性、适应环境气候的自我调节能力……

而这都不是科幻小说：这些新型的布料即便还不能大规模生产，但也已经处于研发当中，某些甚至已经出现。以此类推，如果我们能够像植物那样按需合成纤维素，我们就能拥有更轻盈、更有效和更节省的建筑材料（比如坚硬的架构、不透水的表面材料）。

当化学变得温和：生物矿化作用

动物不仅仅生产有机材质（凭借大大超越任何人类技术的方式），同样也生产矿物质——陶瓷材料。贝壳里的珍珠质、牙齿的牙釉质、鸡蛋的壳等，都是动物利用从食物、海水、土壤等中获取的矿物质合成而来。我们将这个过程称作生物矿化作用，它在动物世界中是极其普遍的，而且它也存在于某些植物身上：硅藻等微型藻类（见第 54 页），它们利用水中的矿物质生产自身的骨骼，这种骨骼由二氧化硅（也就是玻璃的组成成分）组成。

同有机材质一样，由动物和植物生产的矿物质也是按需生产的：它们能自我更新、生长；它们能组成一种密闭的保护壳，（几乎）无法从外部破坏而内部又极其脆弱（如鸡蛋）；它们可以非常锋利，而且能自我锐化（比如海胆的棘和老鼠的牙齿）；它们能承受对自身比例来说十分巨大的重量（比如我们的骨头，见第 116 页）。与有机材质一样，它们也让工程师们浮想联翩。

它们最出色的品质或许是它们的坚固。牡蛎的珍珠和鲍鱼的珍珠（见第 50 页）比凯夫拉纤维和钢铁更坚硬，原因在于它们的结构，而研究人员已经能够模仿它们的结构，创造出类似的材料，这些材料几乎能对抗任何冲击，即便它们还只是停留在实验阶段。除了坚固，珍珠质还有轻盈和美观的优点。在几十年后，我们或许能拥有一种摔不碎的陶瓷，而且这种陶瓷还能与最漂亮的贝壳媲美，并且绝对可循环——如同所有自然生产的矿物质那样。

可这还不是全部。生物矿化作用还有一个比上面提到的所有品质都更出色的优点：它是在常温下完成的。这似乎没什么大不了，但这其实是解决环境污染和能源消耗难题的办法。直到目前，获取玻璃、陶瓷、瓷器等材料的化学转化过程都是通过将原料置于极高温的环境下来完成的。对硅藻（见第 54 页）或者海绵（见第 44 页）的模仿让人们能够设想一种不一样的方式：将原料集中在“温和化学”的条件下，在常温下合成材料。虽然这种方式还不普遍，不过它让人得以窥见一个新的时代，在这个时代里，工业能够不产生污染和能源浪费，产出的材料能够真正地与自然相容。

流线型外形和节能

正如化学在初步发展阶段没有考虑到能源的成本，20 世纪的科技发展（比如在运输行业）也是在忽视能耗的情况下进行的。当一架飞机能够完成长距离飞行或者打破飞行距离的纪录时，它消耗了多少燃料是无关紧要的。我们现在已经超出那个阶段了，但在节能领域，如同在空气动力学领域，大自然仍能教给我们许多知识。

几十年来，工程师们都从动物（或植物）的外形或身体比例上获取灵感，以改善风阻系数、减少阻力和颠簸等。在 20 世纪 70 年代，正是大型鱼类和海洋哺乳动物引导了德国人海因里希·赫特尔（Heinrich Hertel）的研究。对海洋动物的体形和身体比例的研究使他完善了流线型外形的计算，并研制出了更节能的飞机。最近，另一种鱼，箱子鱼（见第 84 页）启发了一种新型汽车的设计：这种新型汽车并非赛车，而是一种能减少三分之一燃料消耗的运载工具。

除了能够教会人类节约能源，动物还掌握着工程师们的许多问题的答案（对一些仿生学家来说则是所有问题的答案）。猫头鹰的静音飞行的方法被模仿用于战斗机，但同时也能让某些高速列车更加安静和舒适。更令人意外的是，翠鸟（见第 98 页）以其潜水技巧，启发日本高速列车建造者解决了一个难题：如何让列车不颠簸地进入隧道？

在节能方面，仿生学的潜力超乎人们的想象。证据就是格雷（Gray）提出的疑问。在 20 世纪 30 年代，这位生物学家明确说到，像金枪鱼和海豚这一类游速极高的海洋生物，它们的肌肉组织并不足以解释它们的移动速度。这对于水母也是成立的：水母为何在高水压下，依然能如此快速地移动呢？今天我们知道格雷的计算是错误的，这一疑问的真正答案在于涡旋。这个词语再次让人想到了科幻小说……而事实的确很奇妙。涡旋，是指在水中（或者空气中）由于一个大体积硬物（比如鱼或飞机）的移动而产生的旋转。金枪鱼和海豚的秘密，在于利用这一个涡旋的能量来作为它们肌肉力量的补充。这一切都在完美的节奏中完成：金枪鱼尾部的拍打节奏让它能够在最大程度上利用上一次身体摆动所产生的力；水母收缩肌肉的节奏，让它正好能够借助它制造的前后两个涡旋相撞产生的推力……

这些动物的策略不仅启发了某些机器人的移动方式，而且在新运输工具的发明中扮演着越来越重要的角色。涡旋的利用还为新能源的发展打开了一扇门：比如已有的模仿金枪鱼的鳍的海底水力发电系统（见第 88 页），以及能够将高速路上车辆经过所产生的涡旋转化成电流的计划。

像一棵树那样建造：建筑师与仿生学

是否存在一种平衡的、在比例上对应了树的高度与结实度的建筑物，一种全部由可循环材料建造的建筑物，一种能够汲水并且获取维持其稳定运行所需能量的建筑物？答案当然是：否。然而，建筑师不仅常常从自然中寻找美学上的灵感，而且他们当中的许多人同样也在其中寻找实际问题的解决方案——或者生态问题的解决方案。

除了被当作一种建筑材料，树木还是一种被模仿的榜样——而且一直以来都是：我们知道棕榈树（见第26页）启发埃及人建造了埃及庙宇中的支柱。在18世纪，正是橡树给英国工程师约翰·斯密顿（John Smeaton）提供了新型灯塔的模型。红白相间的埃迪斯顿灯塔——今天以"斯密顿塔"之名为人所知，就是以橡树为模型修建的一系列灯塔中的第一座，它的高度和坚固程度都是当时前所未有的。为了能将花岗岩石块堆积起来，斯密顿模仿了橡树的树干比例：底部加粗，垂直上升时收缩，顶部再次加粗，以抵抗风力。

在20世纪末，给了建筑师们新想法的已经不仅仅是树的外形，还有它们的内部构造。竹子（见第24页）和松树（见第22页）就是其中一个例子，它们的生长方式直接启发人类开发了一款能够最好地分配压力的设计软件。换句话说，在今天，从理论上说，已经有一些汽车是以松树的生长方式生产的了。

更宽泛地说，建筑师们不仅从树木中获取灵感，而且还从整个大自然中学会构造以及和谐的道理。在1917年，苏格兰生物学家达西·汤普森（D'Arcy Thompson）发表了一本划时代的著作：《生长与形态》（*On Growth and Form*）。在这个题目下，汤普森探索了物理规则对于生物的外形的影响：为什么一种动物，比如一条鱼，要依据其生长环境"构建"自身——是为了应对水的压力，还是为了能在捕食者面前逃离？在《生长与形态》一书所罗列的规则中，答案依然是——节约。大自然总是以尽可能少的物质来构建自身，生物体必须"发明"适应这种需求的外形：蜜蜂的蜂房、硅藻的骨架、鸡蛋的外壳……

与作者的预想相反，《生长与形态》并没有给生物学带来巨变，反而成了建筑师和工程师的参考资料。达西·汤普森的计算尤其为自承重建筑带来了宝贵的帮助，自承重建筑是指稳定性和坚固性依赖于自身外形的建筑物，如穹顶建筑——巴黎的球幕影院 *La Géode* 就是一个代表。穹顶建筑在20世纪中期由建筑师理查德·巴克敏斯特·富勒（Richard Buckminster Fuller）改进，它并非"真正"的球形，而是由相互交错的三角形、六角形和五角形组成。这是一种加入了大自然现存模型的建造方式：为了使用最少的材料建造出最坚固的球形，最好是求助于三角形或者六角形单位——这正是硅藻的选择。

在21世纪初，建筑师们前所未有地把目光投向了对生物的模仿。关注点在于：外形的优雅和材料的节约，以及环保和零能耗。再引述一个例子：建筑师丹尼斯·道伦斯（Dennis Dollens）的工程，旨在推广他称作"数码建筑"或者"基因建筑"的建筑方式。

道伦斯的观点是信息技术使我们可以像大自然那样建造，也就是说，模仿植物生长的方式，即树叶或枝丫在一条茎上的分布方式——与它们给我们的无规律的印象不同，这种分布并非是随意的。道伦斯设计出的建筑中，房间就像植物的"果实"一样分布在一条"茎"上。这种设计有两个好处：一方面，每一颗"果实"都拥有最大的向阳面积，也就是有更大的被动采暖的可能性；另一方面，这种方法能够在节省材料和空间的同时，安置下尽可能多的房间。

如果我们模仿大自然本身？

这正是如今众多仿生学家所呼吁的，在他们当中有美国人雅尼娜·拜纽什（Janine Benyus），生物模仿运动（Biomimicry）的发起人。这个新名词让拜纽什能够为仿生学贴上不一样的标签，这样的标签有别于不以创造与环境和谐的科技为特定目的的仿生学。正相反，生物模仿运动希望能够从大自然中学习，进而开发一种环境无害型的工业、农业、建筑业或者生活模式——它们如同大自然本身那样，是可循环且能源自给的。

例如草原和森林，它们是持久的生态系统，能够在不使土壤退化的情况下生产水果和种子。我们能够想象一座以同样模式运作的花园吗？答案是肯定的。生物模仿运动组织中的一些成员从北美的草原模式中得到灵感，成功地开发了一种与目前通行的粗放式农业具有同等产出的农业系统，不过这种新型农业系统是可持续的。方法在于：放弃单一作物种植，让至少五六种作物共存，将土壤好的地块让给扎根很深的多年生植物和豆科植物，优先培育生长期相错的作物。

另一个例子是循环利用。大自然能将一切循环利用；而且与人类不同，大自然的循环不求助于不可循环的有害化学品……我们也能这么做吗？同样，答案是肯定的。现在已经出现了多种从大自然中学来的用微生物处理污水的方法：这些方法通过复制河岸或者森林土壤的环境使污水中的有机物转化成腐殖土——这种腐殖土又再担任过滤的角色。这一切都比我们现在常用的处理方式节省 90% 甚至 100% 的能源。当然，自然的循环方式不能处理有害物质，不过仿生学还能使工业生产避免使用大多数的有害材料。

最后一个例子，也许是最炫目的一个，即光合作用。植物每年能转换多达人类能源需求十倍的光能，受此启发，人类才发明了用于太阳能板的光生伏打电池——但这比植物还差很多。它们的不足之处在于效率低下，并且无法长时间储存它们获取的能量。目前的解决方案是，越来越高效、能储存更多能量的电池正在有规律地更新换代。在短期和长期内，对植物的观察或许能让我们更有效地模仿光合作用——从而利用一种不仅可再生而且免费的能源。

如果说仿生学（尤其是生物模仿运动）吸引了越来越多的研究者和工业家的兴趣，那么这是因为大自然部分地解答了——或者能够解答——目前最为关键的两个问题：环境保护和能源短缺。如果大自然与科学技术是不可分离的；如果它们并不是不可兼容甚至敌对的；如果它们在最好的情况下，并不是要互相消灭的话；如果……那么许多事情就有可能成功。因此，我们就能够瞥见一个不全然是玫瑰色，而是绿色的未来。未来是属于仿生学的吗？很难不这么期盼。

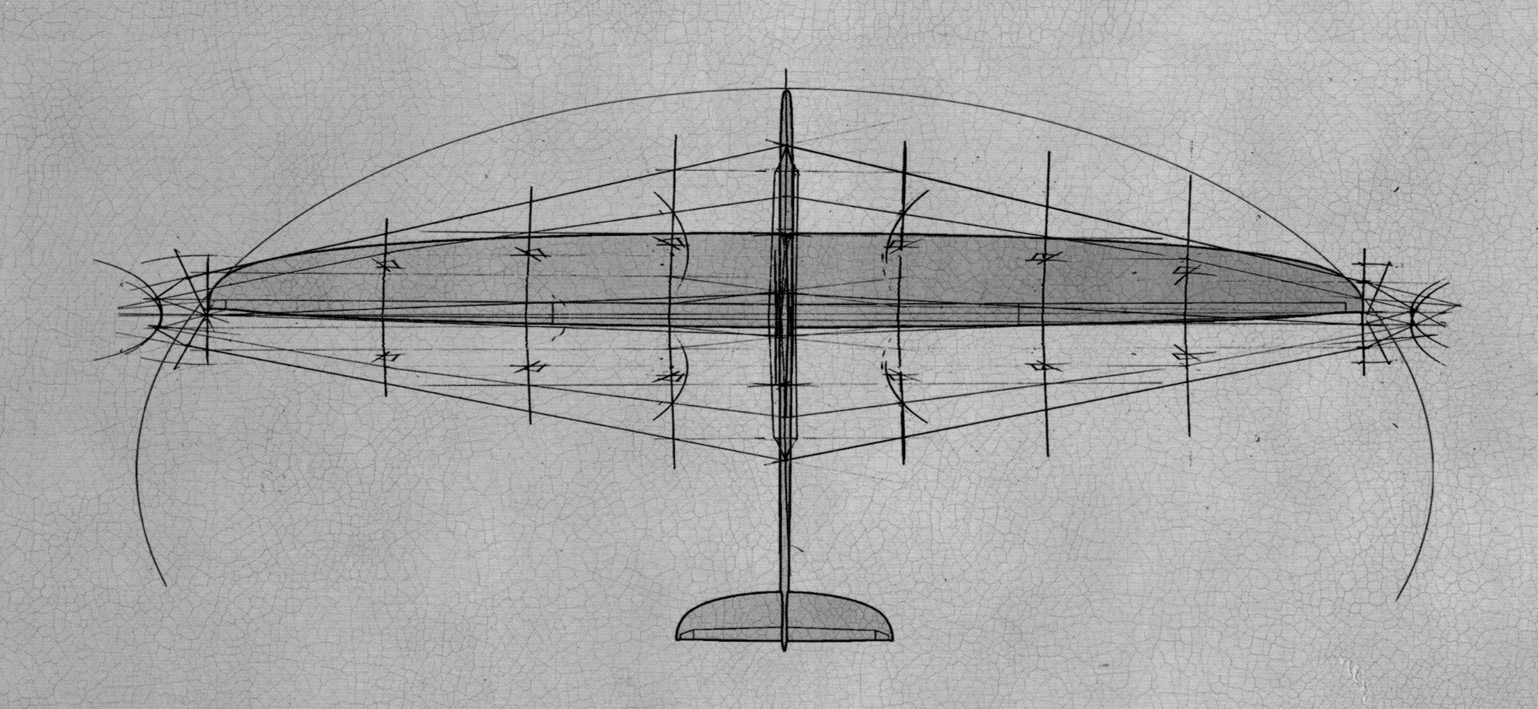

本书由图卢兹自然历史博物馆、蒙彼利埃第二大学植物标本馆，以及图卢兹的保罗－萨巴蒂埃大学的生态实验室（Ecolab）协助完成。

图卢兹自然历史博物馆

图卢兹自然历史博物馆在成立之初是一个自然历史陈列馆，它展示了菲利普·皮科·德·拉彼鲁兹（Philippe Picot de Lapeyrouse）自1796年以来的收藏。这个地方甫成立就迅速在欧洲学者间闻名，因为它拥有丰富的植物和矿物标本。这座陈列馆一直挨着图卢兹的科学学院，直到它凭借它的第一件大型标本——一只长颈鹿标本，转变为自然历史博物馆。

2008年，在完全翻新过后，博物馆重新开放，它的主题依然是科学与道德，并对参观者提出人-自然-环境的质问。这里也成为了一个举行辩论和会议的地方、一个服务于博物馆主题的场所，而古生物学、昆虫学、哺乳动物学、鸟类学、植物学和动物生态学方面的丰富藏品，则为博物馆的主题提供了注释。

因此，在观看展览的过程中，每一位参观者都受邀：

- 将自己置身在地球和矿物的活动、力量和魔力下；抛开我们的等级意识，建立一种新的组织生命元素的方式，一种新的理解它们的方式……
- 与历史长河中富饶的、包含惊人的多样性的大自然面对面；承认我们与万物共享显而易见的重要功能。
- 思考未来地球的管理方式……

参观者还能继续游览被称为“法国植物园”的花园，它的收藏重点在于表现人与植物之间的联系。

位于博得鲁日街区的自然博物馆花园，为参观者提供了继续流连的地方。在这座高质量的环境友好型的建筑周围，我们能够发现一座自然花园（一片芦苇地），一片蔬菜园（展示有来自世界各地菜园的蔬菜作物）和一个现代园林化庭园（遮阴棚）。

图卢兹自然历史博物馆
（全年开放，周一闭馆，开放时间为10：00 ~ 18：00）
于勒－格斯德街35号，31000图卢兹
电话：05 67 73 84 84
www.museum.toulouse.fr

衷心感谢亨利·卡普，菲利普·阿诺耶，鲍里斯·布雷斯克以及皮埃尔·达卢。

蒙彼利埃第二大学植物标本馆

位于植物学院内、植物园旁的蒙彼利埃第二大学植物标本馆，历经漫长岁月，给后人传下了一笔无法估量的财富。作为法国最重要的植物标本馆之一，它保存着5个世纪以来蒙彼利埃的植物学家的历史遗存和藏品，共计400万个植物样本、真菌样本、药品样本和绝佳图集。最古老的标本可追溯到里歇尔·德·贝勒瓦尔（Richer de Belleval），16世纪末皇家花园的建造者。17到19世纪的那些藏品——从本地和外地收集而来的，与如今还不断增加的标本共存。现如今，通过国际交换、持续的接收馈赠和购买，这里已经累计获得了1.5万个新藏品，位于长度共计5,000m的藏品展架上。除了作为藏品空间和遗产资源，植物标本馆更是一个科研场所，凭借科学研究、展览以及线上电子扫描展示，它继续承担着自身的任务，并且让它的藏品获得越来越厚重的价值。

感谢V.布尔加德、L.戈梅尔、P.A.舍费尔，蒙彼利埃第二大学，以及藏品服务部。同样衷心感谢图卢兹的保罗-萨巴蒂埃大学生态实验室的纳西斯·贾尼、勒内·勒科于、弗雷德里克·阿泽马尔、洛朗·佩罗祖埃罗，以及阿蒂尔·孔潘。

目录

巨藻

Macrocystis（巨藻属），巨藻科

●巨藻科的大型藻类（可达75m 高）。●在岩石上生长：通过根部系统（固着器）固定在海底。●分布在太平洋的美洲海岸、澳大利亚以及新西兰海岸。●水下森林形态：它们的根部在海洋深处，而它们的冠层刚好在水面下。

下一页图片 >>>>>>>>>>>>>>
Nereocystis luetkeana（留氏海囊藻）

海底能源

同海藻一样，*bioWAVE* 随着海浪摇摆。

人们不断重提利用海浪发电的想法，而且实现方式多种多样——但通常都难以落实。其中，有水底发电机：模仿巨藻运动方式的海底风车。那些海藻根植海底，它们形成了名副其实的海底森林。这些巨大的巨藻能长到超过70m；它们的“叶子”宽约 10cm，在海浪中摇摆，以获取所需的阳光。

以巨藻为模型设计的水底发电机由圆柱形的浮筒组成，浮筒被固定在海底，它们像海藻的叶子一样随着海浪摇摆。水底发电机像一个普通发电机系统那样运作：浮筒摆动产生的能量被传输到一个发电机中转化为电流——而电流将会经海底电缆传送到岸上。

这还不是全部：还需要一个能将水底发电机固定在海底的装置——却又不能限制它们的灵活性。这一次，又是巨藻为这个问题提供了解决方案。巨藻的茎通过由锚（固着器）构成的灵活的网固定在岩石上；这张网宽几十厘米，能够轻微地转动，以抵抗海底洋流的拉力。

水底发电机的设计者们通过学习巨藻，设计出了一种“松软”的根植系统，它由更小的能轻微移动的、数量尤其庞大的底座组成，这样压力就能够由它们分摊。这种系统还有一个优点，就是它不需要钻太深的孔就能固定在原地——因此它比其他的根植系统更容易安置。巨藻不仅教会了我们安装水底发电机，还帮助了我们为许多水下建筑奠基。

植物策略

迎光漂浮

为了能够尽可能地靠近水面，以及获得更多的阳光，巨藻的叶子上有一种微型的浮筒，它们内含气体，因此能够在有海浪和洋流的情况下也保持水平状态。这种系统引起了专家们的兴趣，他们致力于研究能利用水下折射阳光的太阳能发电板。

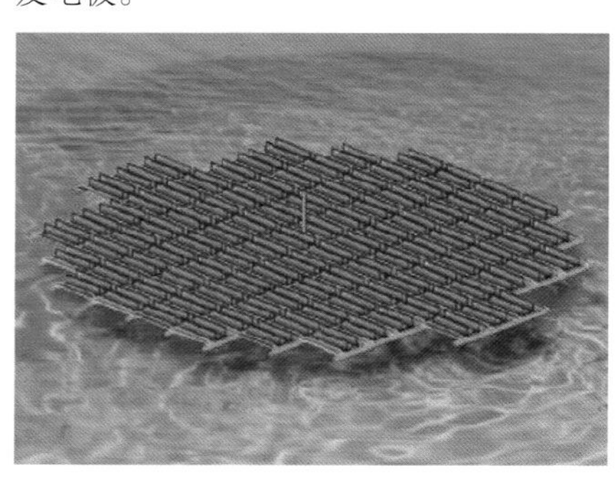

绝佳的螺旋桨

巨藻的叶子以对数螺旋的形式连接着它的根部，就像鹦鹉螺的外壳那样（见第 72 页）。
对巨藻而言，除了理想的数学比例，这种螺旋还能使它在洋流中产生尽可能少的紊流——也就是说能给植物带来最佳的稳定性。巨藻的螺旋线被复制用于制造一种新型的螺旋桨模型。多亏它的比例和外形，这种新模型与传统螺旋桨相比更安静且更节能，因为它产生更少的紊流。

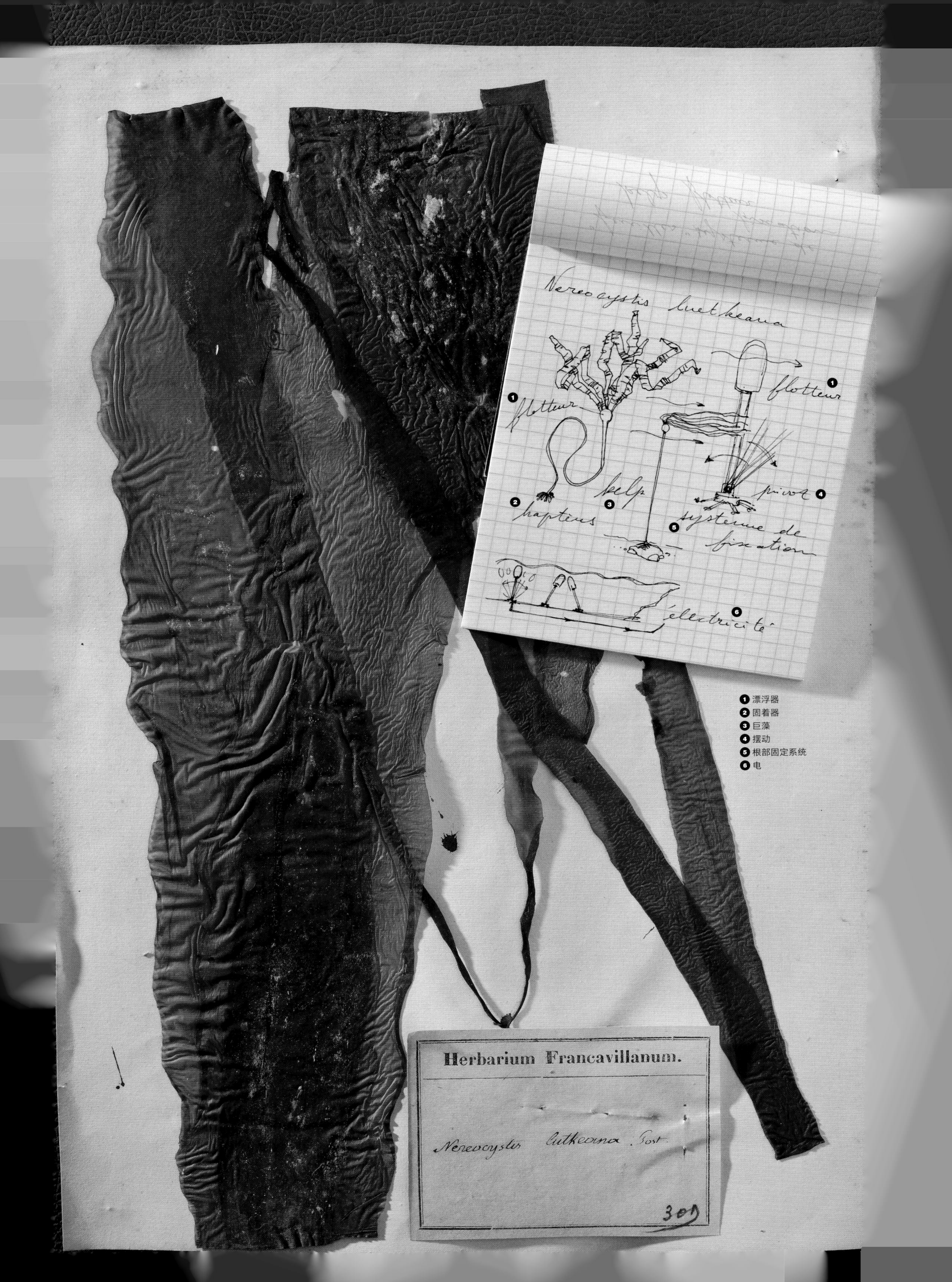

❶ 漂浮器
❷ 固着器
❸ 巨藻
❹ 摆动
❺ 根部固定系统
❻ 电

欧洲赤松

Pinus sylvestris，松科

●高大的针叶树（高可达40m），从欧洲到西伯利亚均有分布。●树干部树皮为灰褐色，树枝为橙黄色。●针叶为蓝绿色，两针一束，长度为2～5cm，直径为1～2mm。●果实为赤松果，是一种长满鳞片的球果，能将种子撒播到地面。

下一页图片 >>>>>>>>>>>>>>
Pinus sylvestris（欧洲赤松）

智能服装

未来的服装将会是智能的——英国的巴斯大学仿生和自然技术中心的研究者确信。而这样的“智能服装”能做什么呢？只是简单地感知穿戴者的出汗情况，并且按需自我调节——降低温度。这是真的：尽管这些衣物还没有在商店里陈列，但仿生和自然技术中心已经成功生产出了衣物的布料。研究者们将这项成果归功于松果。“我们曾在植物界中寻找一种能根据湿度变化进行外形变化的机制，”朱利安·文森特（Julian Vincent），中心的负责人这样说道，“有许多这样的植物……不过松果才是最好的榜样。”

很快，衣服就会根据穿戴者的出汗程度自动“打开”或“合上”。

当松果还在树上时，它保持着闭合——只在一个短暂的时间内会张开，让花粉进入胚珠（将来的松子）。松果只有掉落到地面后才会打开。从树上落下后，鳞片的纤维开始干燥失水：这就使松果开口了。事实上，松果的鳞片有两层，而两个层面的纤维朝相反的方向生长。当松果变得干燥时，外层收缩的程度更大，这就迫使鳞片向外弯曲——只要简单地观察一颗松果就能明白这种机制。

至于布料的设计，中心的研究者们则将这个过程反转过来。“很简单，”朱利安·文森特解释说，“我们设计出衣物内的折叠部分，而当布料吸收了湿气时，当中的一层会膨胀，折叠部分就会向外弯曲。”以这样的方式，空气就能进入衣物，保持衣物和穿戴者的干燥……这种方式也能用于建筑的通风系统——不过，这次不再是布料的微观的折叠，而是通风口依据湿度开合。

需要什么和哪里需要

如何在减轻重量和节约原料的情况下最好地加固脆弱的地方？汽车工业中的一款设计软件模仿了赤松树枝的生长“反射”。这个想法来源于克劳斯·马泰克（Claus Mattheck），德国的生物力学专家。根据他的说法，树木遵守“应力的规则分布”的原则：无论哪种张力都会由整个结构来承受。这种原则不仅在树木的“设计”层面上可以被观察到，即树木会将材料应用到所受压力最大的地方（比如树枝的连接处），而且在细胞的层面上也可以被观察到，那儿的木纤维会朝着维持结构的力的方向生长。快速生长的赤松给出了一个最好的例子。克劳斯·马泰克在设计软件（CAO和SKO）中将他的观察结果用于制造汽车和修建建筑。要知道，这些软件也被戴姆勒公司用来设计模仿箱子鱼外形的“仿生汽车”（见第84页）。

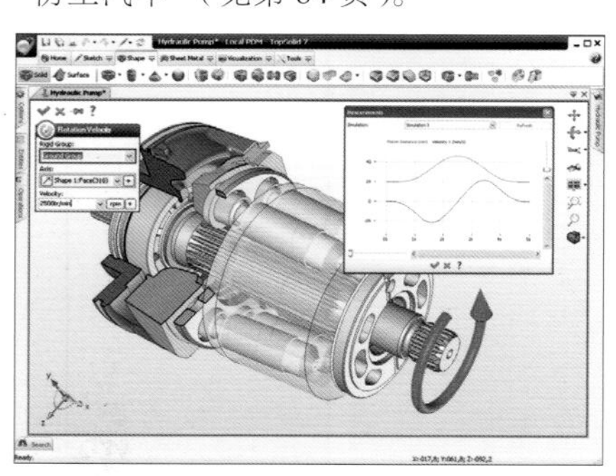

能抵抗一切的螺旋

美国白皮松，一种白色树皮的松树，生长在北美的山中，研究它们是为了建造抵抗地震的建筑。为了抵抗猛烈的风，这些松树的树干有着螺旋生长的趋向：从它生长伊始，木纤维就偏离了最初的轨迹，这加固了树木的根基。

Botanisches Museum des eidgenössischen Polytechnikums
ZÜRICH.

Pinus silvestris.

var. reflexa

❶ 欧洲赤松
❷ 内层

竹子

Bambusoideae（竹亚科），禾本科

●禾本科植物，茎的高度惊人，从最矮种类的1m高，到最高种类的30m高。●叶片细长。●地下茎为根状茎，根在其周围生长。●竹子保持着堪比木本植物的生长速度纪录：它们每天能够生长60cm。

下一页图片 >>>>>>>>>>>>>>
Dendrocalamus giganteus（龙竹）

植物策略

紧绷着的平衡

我们从未见过单独的一株竹子向着天空矗立——这种植物总是成片生长。与一棵树不同，竹子并不依靠它的根部（根状茎往水平方向生长而非垂直生长，它只是在地面以下）——而是依靠茎来互相平衡。成片的竹林就成了一个“没有根基”的结构。这种形态引起了建筑师们的兴趣，因为它既节约材料又十分美观。

一座房屋森林

竹子的快速成长启发了建筑师吕克·史奇顿（Luc Schuiten）“竹子房屋”的设想，这种房屋的屋架不是用竹条搭建，而是用生长中的竹子。房屋的房间分布在第二和第三层，由植物的茎来连在一起，并且由屋外的走廊和楼梯连通。因为竹壁厚度在生长过程中不会变化，所以这个结构始终能保持稳固，即便这间房子——就像构建它的竹子那样——有时候会在风中轻微摇摆。

曲而不折

我们能拿竹子做任何事：它是一种如此便利的材料，以至于我们会自问何必要模仿它——倒不如直接使用它。竹子不仅是亚洲的传统建筑材料，而且还成为了生态建筑概念中重要的元素。它的坚硬和轻盈令它成为一种便于改造的材料：不仅有竹子做的乐器、单车，甚至还有竹子做的汽车……使用竹子的最佳理由就是它的生长速度：所有与它打过交道的园丁都知道，放任它的生长比抑制它的生长更容易。原因在于竹子并不是树，而是一种草。与其他的草本植物相同，它围绕地下的茎（根状茎）生长，根状茎是整棵植物的真正心脏。“躯干”（称作“茎”或者“竹秆”）——在地面上生长的部分，其实等同于草的叶片：将它们砍掉并不会让植物虚弱——即便所说的茎已经向上生长了好几米。

台北101，设计者称之为“宏大的蓝色竹子”。

竹子并不是树，因此它没有树枝：它的平衡只依赖于它的茎的坚韧。不过，与树干相反，竹秆是中空的：它的构造如同一根管子。换句话说，是竹壁支撑了所有的压力，这能够节约材料——以及减轻重量。另外，竹秆的管状外形中有一个支架一样的结构，在这个结构中稍柔软的材料被夹在坚硬的材料中间，因此形成了一种柔韧性更强的材料，使得外层的坚硬材料在受力的情况下可以有所偏移。如同寓言故事里的芦苇，竹子的茎会弯曲但不会折断。从20世纪70年代开始，竹子的这种构造就被模仿用于建造超高建筑，比如有名的电视塔。这些混凝土结构同样利用了竹秆的承重分配原理：中空的结构以减轻重量，在四周加一个向中心聚拢的钢铁框架。虽然从竹子发展到混凝土塔楼只是小小的一步，但我们也可以为此感到欣慰，更何况在今天竹子还启发人们修建了其他类型的建筑。

更加灵活，更加坚固

可与竹秆相媲美的管状塑料材料因为具有轻盈和坚韧两个优点，所以在机器人和飞行器制造中得到了广泛应用。不过，最近的一些测试证明，竹子的坚硬度和柔韧性由于分布在整条茎上的竹节而得到提高。这一特性可用于塑料材料的生产，同样能使其变得更加坚固。

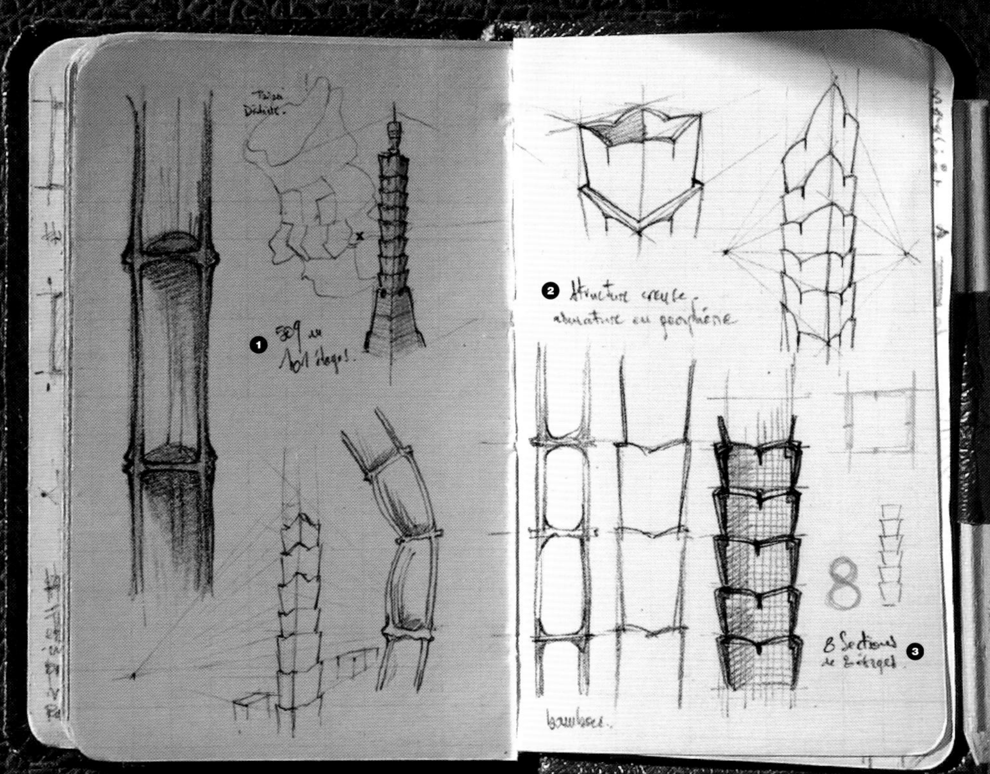

1 101 高楼
2 中空的结构
调质阻尼器的外层
3 8 个节
8 层楼

枣椰树

Phoenix dactylifera，棕榈科

●学名海枣，高可达15～30m。●躯干被叶鞘形成的棕衣包裹。●它的叶子，棕榈叶，数量通常在30片左右，在顶端形成树冠；棕榈叶长度可达6～7m。●花朵细小，白色；果实为椰枣，是一种浆果，包裹着一粒能形成种子的木质果核。

下一页图片 >>>>>>>>>>>>>>>
Phoenix dactylifera（海枣）

棕榈形岛屿

受棕榈树启发而修建的不只有拱形和柱形建筑，甚至还有整座城市。迪拜的"棕榈岛（Palm Islands）"的整个城区都是在棕榈树外形的人工岛上建成。除了优雅的外形外，棕榈树被选择的原因还在于它能让每一片"棕榈叶"上的居民都有自己的通向海洋的道路……

植物策略

在海上旅行

某些植物将它们的种子交给风，椰树（*Cocos nucifera*）则是让它的种子在海上旅行。椰子的外壳为种子提供了既坚硬又足以漂浮的轻盈的保护壳，外加可观的营养储存（果肉）和半升水（椰子汁）。以这样的装备，种子能够在海上漂浮数月，直到搁浅在一片适宜的土壤上。过去的船员还为这种传播方式添了把力，他们用椰子来做小船的压舱物，这使得它们能从一个港口去到另一个港口，然后征服新的海滩……椰子的策略或许还能教给我们新型的包装方式：既持久耐用又具生物可降解性。

埃及庙宇

对古埃及人来说，棕榈树——更准确地说，棕榈科的枣椰树，地中海地区长得最高的棕榈树——代表了天穹。在古埃及神话中，棕榈树的树冠是为太阳神拉的现身做准备的。既有宗教意义，又有实用性，因此棕榈树不断出现在埃及的庙宇建筑中——而且，凭借这些建筑，棕榈树在整个建筑史上都占据了一定的地位。

"棕榈形"支柱，体型庞大，然而坚固且美观。

同竹子一样，枣椰树是单子叶植物，也就是说，它不是严格意义上的树。它的躯干的特点是不会在直径上有所增长：它的直径从脚到顶都没有变化，这不同于"真正"的树。这个特点，再加上它的高度，却造就了它的坚实。虽然枣椰树看上去细长而优雅，但它其实很结实。枣椰树规则的树干是用作建筑物架构的好材料，更何况，它的棕榈叶在编织后能用来覆盖屋顶或填充墙壁。

古埃及的建筑者十分明白这种棕榈树的种种特点；或许正是出于这些特点，他们相信它坚实到足以撑起天空，因此最终将它选作支撑庙宇的柱子的模型——而且原因很简单：最初的支柱就是真正的棕榈树。

埃及庙宇的第一根支柱，出现在古王国时期（也就是约公元前2500年），它就是有名的"棕榈形（palmiforme）"支柱。它的体型庞大——此时纪念性建筑刚刚开始流行，它明显地模仿了棕榈树，尤其是柱顶处还装饰着棕榈叶树冠。

古埃及的建筑者们努力模仿的，并不限于棕榈树的坚实和象征性，还有它的比例和平衡。组成一根支柱的三个部分——根部、躯干和柱顶，使用了棕榈树的"建筑"原则：在躯干的底部有稳固根基的树根；在躯干——就是对应树身的部分（直立且整齐，对于棕榈形支柱来说）——之上有棕榈树冠，而这个树冠的重量和整齐能让整体保持平衡。

棕榈形柱子标志着建筑史中支柱历史的开端。不过，如果当初建筑者没有观察到这种植物的简单优雅，这个开端就会不同了。

Phœnix dactylifera

莲

Nelumbo nucifera，莲科

●大型多年水生植物，通过多孔的茎固定在池塘深处。
●叶片圆形，平展漂浮在水面上，或高出水面，直径可达 50cm。
●花朵为白色或粉红色，直径 15～30cm。

下一页图片 >>>>>>>>>>>>>>
Nelumbium caspicum（莲，同物异名）

从纯洁到干净

当“莲花效应”的发现者，德国的威廉·巴特洛特教授尝试向工业家们介绍他的发现，希望他们能将这一发现商业化时，他很快就发现一种植物不足以吸引他们的兴致。于是，这位生物学家带着他的团队研发出了第一个受莲花的自洁能力和疏水能力启发而制成的物品：它其实是——一只蜂蜜勺子！在这只勺子里，蜂蜜滚动时不会留下任何痕迹。这一次，它激起了超乎预料的反响。多亏了它，莲花效应很快进入了工业界，随后进入日常生活中。

左边：无莲花效应。右边：有莲花效应，水在玻璃上流过，不留下任何痕迹。

1997年，巴特洛特教授在用电子显微镜观察植物时，发现某些植物不需要清洗，它们似乎永远不会脏。不过，正是这些植物，它们的表面在显微镜下是最粗糙的。与人们通常的印象正好相反，想要干净，表面不光滑更好。

在纳米级别，莲花的叶子是由不规则的粗糙表面所覆盖，就好像上面散布着许多突起。这些突起使得水无法停留：只要有一颗水珠与叶子的表面发生接触，它就会滚起来，而不能浸润。事实上，莲花的叶子之所以能够自洁，首先是因为它具有疏水性：水珠在滚动时，就带走了叶片上的灰尘。这种莲花效应最初被模仿用于生产建筑的涂料和涂层。这样的建筑物能通过雨水保持颜色和洁净：再也不需要除垢剂。

在将他的发现展示给印度的大学生时，巴特洛特惊奇地发现这种植物的特点几千年来早就被熟知。莲花之所以在印度被视为神圣之物，就是因为它出淤泥而不染……

植物策略

在呼吸中取暖

莲花花朵具有温度调节能力：它能维持自身的温度在 30～36℃之间——以此吸引传播花粉的昆虫。它是怎么做到的？在呼吸时，植物的呼吸作用所产生的能量全部流向花朵，向它提供足够的热量。在分子层面上，这些热量是由电子流产生的。因此，莲和它的花朵对于未来的能源生产极具参考价值。

吕克·史奇顿的莲花城

画家和建筑师吕克·史奇顿从仿生学出发想象未来的城市。他为一部关于莲花的日本电影所构想的莲花城，用到了这一植物的所有特色：它的外形美学被用于建筑和城市建设，叶子的疏水能力用于房屋的涂层……在史奇顿的莲花城中，莲花朵的开合系统都被大规模应用于收集有机废物所产生的甲烷！这还不是第一个受莲花启发的建筑：在亚洲，莲花的花朵外形经常被模仿，比如新德里的莲花庙。

长寿的秘密

加州大学的研究人员对莲花的种子产生了极大的兴趣，不是出于它们的食用价值或医学价值，而是它们抗衰老的能力。事实是，它们保持了长寿的纪录：在中国，人们挖掘出 1,300 年前的莲子，另外还有距今 500 年的莲子，它们都成功发芽了。这种保存能力来自它们的保护壳，这种果壳极其坚硬，而且完全隔绝了有可能使种子萌芽的空气和水。另外，莲子中有修复酶，能帮助它抵抗细菌和极端温度的侵袭，还可以让受损部分自我修复：这些具保护性的酶能在分子层面上修复衰老。

❶（从上至下）不粗糙表面：
水珠
灰尘
❷ 大的接触面积→黏附
❸ 粗糙表面：（莲花）
水珠
灰尘
❹ 粗糙→自动清洁

王莲

Victoria amazonia，睡莲科

●睡莲科中体型最大的植物，能开花。●叶子漂浮在水面上，直径可超过 3m。●花朵开放时为白色，然后逐渐转变为浅粉色；花朵直径约为 40cm。●原产于亚马孙流域；种植于热带国家的植物园中。

下一页图片 >>>>>>>>>>>>>>
Victoria regia（王莲，同物异名）

大规模的光合作用

同其他植物的叶子一样，王莲的叶子也精通光合作用。更何况，还有比水面更好的采光位置吗？王莲叶子的尺寸使得它能进行大规模的光合作用。因此，它为光生伏打电池的设计者们提供了一种可选择的模型，尤其是在设计水面太阳能系统时。

植物策略

占领空间

王莲不仅凭借它的叶子和巨型花朵创造了纪录，它的生长速度也同样遥遥领先。在一天之内，一片叶子能够生长 40cm^2。在一个季度中，这种植物能长出 50 片叶子。这些叶子的底部都武装了尖刺，会让想尝一口的鱼儿打消念头；另外它还包含了能使其不下沉的气泡。叶子还有坚硬的边缘，足有几厘米高，不给任何尝试在水面上生长的植物机会；而且水下植物也很难有生长的机会，因为睡莲的叶子如此宽大，它会遮蔽其占领水域的水下植物生长所需的阳光。

玻璃宫殿

在 1837 年，约瑟夫·帕克斯顿成功培育了一株会改变他人生的植物：多亏了它，这位英国园丁才被载入了建筑学的史册。那是一种尚未为西方所知的植物，旅行者刚从亚马孙的森林中带回它：一株巨大的睡莲。为纪念大英帝国的女王，它被命名为维多利亚。帕克斯顿不仅成功地培育了这种莲花，而且还建造了一个暖水池，让它得以正常生长：在三个月内，它的叶子就达到了超过 3.5m 的直径！帕克斯顿认为值得为这种体型惊人的植物搭建一个温室；不过如何才能经济地建造出体积合适的牢固的温室呢？答案会从王莲本身而来。这位园丁清楚地知道这种睡莲的叶子有多么坚实：他四岁的女儿，安妮，能安然无恙地站立在叶子上，这一形象还成了当时流行的雕塑造型。

水晶宫，靠王莲叶子的“技术”建成。

通过观察王莲叶子的底部，帕克斯顿明白了它的坚实得益于叶脉的密集分布。叶脉从中心处放射散开，而且从侧面互相连接，由此将叶子分出许多格子。覆盖这些叶脉的植物组织并未绷紧，而是有褶皱的。帕克斯顿因此产生了这样的主意：将玻璃板组合在模仿睡莲叶脉的木和铁的架构中。通过将这些玻璃板一块斜靠着另一块，而非平整放置，这位建筑师模仿出了睡莲的褶皱，而且加强了建筑的牢固性，还为温室里的植物提供了尽可能多的光线。

就是这样，第一座“睡莲馆（Waterlily House）”建成了。不过帕克斯顿并没有止步，这个建筑系统能用于修建大型建筑，那就是他所做的——为 1851 年的伦敦世界博览会绘制水晶宫设计图。这个方案被采纳了，约瑟夫·帕克斯顿的“玻璃宫殿”成了一项伟大的科技成就，也是当时的先进技术的象征——同时还是伦敦人最爱去散步的地点之一，直到它在 1936 年在一场火灾中被摧毁。

让氧气流动

王莲的根部十分蓬勃旺盛，全靠它那长度可达十来米的茎向它运输氧气。这对水的储存和净化装置很有启示意义：一旦被成功模仿，它就能为凝滞的水域“注入新鲜空气”。

Waterlily House
Victoria regia.
feuilles qui commencent à se découper.
h.m. 7bre 1856.

❶ 王莲
❷ 睡莲馆

牛蒡

Arctium lappa，菊科

●大型二年生植物，第一年为长有圆形或心形叶子的巨型植株。●肉质根的长度能够超过1m。●第二年只有一根茎，于顶端分叉，生长出苞片末端为挂钩的头状花序。●适氮植物，常见于有机质丰富的耕地。●分布环境：荒地，路旁。

下一页图片 >>>>>>>>>>>>>>
Arctium lappa（牛蒡）

植物策略

依靠动物传播种子

大部分的植物根植于土地，那它们如何传播自己的种子，征服新的领地呢？有一些植物靠动物解决了这个问题，办法在于让动物来运输它们的种子，比如牛蒡将种子挂在动物的毛发或者羽毛上，而啮齿动物和某些鸟类会将橡子或榛子运输到它们的藏身之所（有时候它们自己会忘记……）。别的植物则将它们的种子包裹在饱满的果肉中，激起动物们的食欲，这些种子经过动物的消化系统排出后还能发芽。

一份外星人的礼物

对于人类而言，维可牢是过于绝妙的发明吗？这就是一些科幻电影中所宣称的：维可牢是外星人给地球人的一份礼物，作为我们接受别的星球更尖端技术的一道前菜。在《星际迷航》（*Star Trek*）的一集中就说到，维可牢是瓦肯人传授的发明。这段故事中却没有说到在他们的星球上是否也有牛蒡……

征服太空

牛蒡是一个征服者。这种开紫色花的高大植物喜爱生长在农田道旁，在施有动物粪肥的富氮土壤中。为了能够在空间中移动，并且扩展它的领地，牛蒡有一个秘密武器：它的种子能勾住动物的毛发和人类的衣物，借此享受一次有保障的旅行。

手套、裤子、背心……维可牢陪伴了第一批登上月球的人。

一天晚上，瑞士工程师乔治·德·梅斯特拉尔（George de Mestral）狩猎归来，他用了很长时间来摘去猎狗的毛里和他的裤子上的牛蒡种子。在这段漫长的时间里，他思考着这种种子的精巧之处。在用显微镜观察这种种子时，他发现它们其实由长有微小挂钩的苞片包围，这些挂钩能钩住由毛发或织物形成的环，并且它们还具有轻微的弹性，能够在脱离了环后恢复最初的形状。

就是在1941年的那天晚上，梅斯特拉尔开始尝试发明维可牢（*Velcro*）——他借用 *velours*（茸毛）和 *crochet*（钩）来组成这个名字。不过，还需要十年他才研发出模仿牛蒡的技术——这得怪没有一个生产商认真对待过他的想法。正是尼龙，最终成为他复制此种植物的纤细又坚固的挂钩的最佳材料。在1955年，梅斯特拉尔注册了他的专利，在接下来的几十年间，维可牢开始征服太空——而且是本意上的太空，因为它最初的使用者就是美国宇航局的宇航员。

维可牢的精妙之处不在于挂钩与环的搭接原理，而在于它们在尺寸上的缩小，以及在两个平面上数量的增加，这些给了“魔术贴”难以置信的牢固。在挂钩和环之间的相互搭接是随意发生的，不过每一次压力的增强都使更多的挂钩和更多的环搭接在一起。当梅斯特拉尔被问到成功的方法时，他答道：“如果你的一个员工请半个月假去打猎，那就批准他吧。”

带挂钩的种子

牛蒡并不是唯一为它的种子配上挂钩的植物，这类植物还有生活在温带地区的苍耳（*Xanthium strumarium*），它有时被称作“小牛蒡”。此外，还有欧洲龙牙草（*Agrimonia eupatoria*），以及一种攀爬植物，猪殃殃（*Galium aparine*），它的茎上也有钩子，也能以同样的方式钩在皮毛或者衣物上。

军事秘密

除美国宇航局以外，维可牢的最大客户群，就是军方了。

不过这种秘密武器有一个不足：它在撕开时会发出有名的“刺”的一声。这就是美国军方要求生产一种静音的维可牢的原因。这样的想法已经实现了，不过它的生产方式依然是一个军事秘密……

1 牛蒡
2 花
3 种子
4 挂钩
5 干燥的种子
6 毛发、衣物形成的环
7 B 面
8 A 面
9 环
10 环

风滚草

Salsola tragus，藜科

●学名刺沙蓬，一年生带刺植物，植株十分茂密，茎生长错杂，高约 1m。●叶子坚硬，外形为刺，长 3～5cm。●花朵为白色或玫瑰色。●花期结束后，植物地上部分就会与它的根部脱离，然后在风中滚动，以此保证它的种子的散播。

下一页图片 >>>>>>>>>>>>>>
Salsola kali var. *tragus*（风滚草）

风怎么把我们——吹到火星

在它所钟爱的植物稀少的地区，为了移动，风滚草求助于风，而风也在——火星上吹。就是这件事启发美国宇航局发明了一种叫做“风滚草”的器械，专门用于探索火星。为了模仿这种植物的轻盈，这种器械充满了气体；而且它是由好几个部分组成了一个球形，某些部分可以放气，以此确保它能温柔地着陆和停顿。

数码建筑

就像某些金属桥那样，风滚草也会形成“网格”。

风滚草的名字并不让人印象深刻，不过这种植物确实为人熟知。很多人都见过它沿着沙尘飞舞的无人公路滚动，背景里有一段西部音乐——它是狂野西部的象征。与我们通常认为的不一样，这种植物并不是来源于美洲大陆，而是俄罗斯。它的种子在 20 世纪初通过从中国来的船只，来到加利福尼亚。至于这种植物偏好的干旱区域，它其实也部分地对这种区域的地表形成负有一定的责任：作为一种入侵物种，它的移动方式会侵蚀地表。

不过风滚草吸引美国建筑师丹尼斯·道伦斯的地方并不是它的历史，而是它的茎。20 世纪 90 年代，道伦斯在寻找能革新建筑外形的植物模型。更准确地说，他希望在植物身上找到新的建筑方式。通过错综复杂的分叉，风滚草的茎紧密交错地生长，而且它的刺能像维可牢那样加固整体（就像牛蒡！），因此风滚草的表现就是一个完美的榜样。它形成了一个十分坚固的架构，接近于建筑师们所称的“网格”建筑，这样的建筑通过三角形结构抵抗压力——比如，某些金属大桥利用的就是这种结构。

但是怎么才能人为地复制风滚草无规律的外表呢？答案是凭借计算机。就这样，数码建筑诞生了。这种新型建筑是以这种植物的生长方式为基础，但使用的是信息技术。矛盾吗？不矛盾。从有名的斐波那契数列和罗马花椰菜之间的关联开始，我们就知道植物是天然的数学家——以及建筑家。因此，道伦斯的工作就催生了一些建筑，这些建筑内部的空间分布既随意又重复，就像一根茎上的花或风滚草的分枝。他和他的合作者们甚至编写出了 Xfrog 软件，这种软件能像植物生长那样设计建筑（通过计算）——换句话说，让建筑物在 3D 空间中生长。

植物策略

丢弃它的根

风滚草并不是为了吓跑牛仔们才滚动起来的，它滚动是为了传播种子。当种子形成时，植物的地上部分就会脱离根部。种子的散播要么是在植物滚动时进行，要么是当它到达一个足够湿润的地方时。在第二种情况下，这种灌木会吸收水分，然后很快地将剩下的种子释放出来，而种子就会等待萌芽的理想条件。

1 风滚草
2 原型
3 充气
4 空气
5 放气
6 停止

臭木樟

Ocotea foetens，樟科

●树干高大，可达40m高。●马卡罗尼西亚群岛（佛得角、马德拉、亚速尔以及加那利群岛）上常见的常绿阔叶林树种。●分布环境：热带雨林 / 云雾森林。

下一页图片 >>>>>>>>>>>>>>
Oreodaphne foetens（臭木樟，同物异名）

植物策略

云雾森林

热带雨林怎么能在一个几乎不下雨的地区生长？在热带的沿海地区或海岛的山腰上，云雾森林的幸存得益于"水平降雨"，也就是将雾气凝结成水珠。因此对它们自己，以及对整个森林而言，某些树木成为了名副其实的水源：在树冠高处的叶子上汇集的水会流到树干和树根处。

臭木樟，神话还是真实？

贝尔纳丹·德·圣皮埃尔将耶罗岛上的臭木樟称作圣树，他还讲过其他一些夸张的故事：树能够"在一个晚上灌满8,000个木桶"……事实上，历史学家证实，的确曾存在一棵巨大的臭木樟，但它在1610年被飓风连根拔起，后来在那附近形成了一些水池。在1945年，一棵新的臭木樟在同一个地方被种下，并且在大风和大雾的日子里供给充足而干净的水。

喷泉树

"旅游者一致地说道，在铁岛的山里，有一棵树每天为这个岛提供巨量的水。"19世纪初，游记作家贝尔纳丹·德·圣皮埃尔（Bernardin de Saint-Pierre）这样写道。这棵树，岛上的居民将它叫做"伽罗埃（Garoé）"。"他们说，那棵树总是被一团云环绕，沿着它的叶子流下充沛的水，将大水库充满。"这棵喷泉树，其实是臭木樟，岛上的居民懂得利用它来收集水。

智利的雾网，仿臭木樟而制的雾水收集器。

坐落于加那利群岛中的铁岛（在西班牙语中是耶罗岛，Hierro）有特殊的气候：很少或者说几乎没有雨水，但有充足的风和雾。因此，这对植物和人类都提出了一个有待解决的问题：如何获取水？臭木樟有方法。构成雾的水珠被风吹到树的光滑叶子上，水珠在那儿凝结并且汇集成为水流，随后浇灌根部（并且在途中灌满人类放置的集水器）。臭木樟因此能够长到将近40m的壮观高度——这让它成为了月桂属当中最高的种类。

这并不是唯一能在雾中汲水的树。比如，在佛得角，一种叫灰叶剑麻（*Agave fourcroydes*）的龙舌兰属植物被当做喷泉树（或者说水源）来使用，因为水在它的叶子下部聚集。人们除了利用树木来集水，还学会了模仿它们。20世纪80年代，在智利，第一批"雾网"被竖立起来，它们就像在山上绷紧的巨型蚊帐，迎着风，雾中的水分在那儿凝结并且汇集。这种集水的科技叫做fog farming（雾水养殖），它已传播至许多国家，从尼泊尔到南非，还包括墨西哥。

这种方式后来变得更加复杂。今天在加那利群岛，一些人造喷泉树被用于浇灌。这些新的喷泉树更高效，比雾网体积更大，并且由金属架构组成，配有倾斜的薄片——这些可随风向移动的叶片扮演了树叶的角色。这样的树有各种尺寸，因此加那利群岛的居民能将它们植于自家的花园里。

毛叶苦参浇灌着森林

在留尼汪岛，似乎是小小的毛叶苦参（*Sophora denudata*）很好地为周围的植物承担了水源树的角色。这种地方性的植物生长在高处——有雾的高处。与臭木樟用来集水的光滑叶子不同，毛叶苦参的叶子上覆盖着棉絮般的绒毛，雾中的细小水滴能在上面凝集。对于毛叶苦参在留尼汪岛的海拔分布的研究能够帮助确认雾最浓厚、最频繁出现的区域，也就是最有可能收集到水的区域。

1 雾
2 风
3 臭木樟
4 叶片上的水珠

枫树

Acer（枫属），槭树科

●落叶乔木；叶对生，呈掌状（分三部分并围绕中脉对称）。●大部分的枫树树干高大：10～40m 高。●花束对称成串生长，花瓣细小，颜色有绿色、黄色、橙色和红色。●果实：翅果，由一粒种子和一对膜翅组成。

下一页图片 >>>>>>>>>>>>>>
Acer opulifolium（欧荚叶槭）

植物策略

从蒲公英到降落伞

为了散播它们的种子，某些植物与枫树一样利用风布，也就是借助风力播撒种子。并不是只有翅果这种外形才能让种子飞行；我们还知道别的，其中最出名的是蒲公英。乔治·凯利爵士对绣线菊产生了兴趣，它们的种子以一种近似蒲公英的原理飞行。它们启发了乔治·凯利爵士设计出降落伞。

吹风的翅果

一家澳大利亚公司，Sycamore Technology，专门从事一种应用枫树翅果原理的风扇的贸易。这种天花板吊扇只有一片扇叶，模仿了翅果的形状和比例。它们与众不同的地方除了节能，还有安静：得益于它的理想的形状，翅果状叶片比常见的叶片产生更少的紊流。要知道，在澳大利亚 sycamore 是指枫树而非梧桐。

如何在空中停留？

虽说他被誉为航空之父，但这位英国的乔治·凯利爵士，却从来没有让一架飞机飞起来过。不过，在 19 世纪初，他发现了今天依然通用的大部分的飞行原理。如果没有他的研究，最初的一些飞行器或许就飞不起来了。凯利的工作建立在对大自然的观察之上，最初始于对鸟类飞行的观察。然而，却是一颗小小的种子——枫树的翅果，教给他最宝贵的一课。

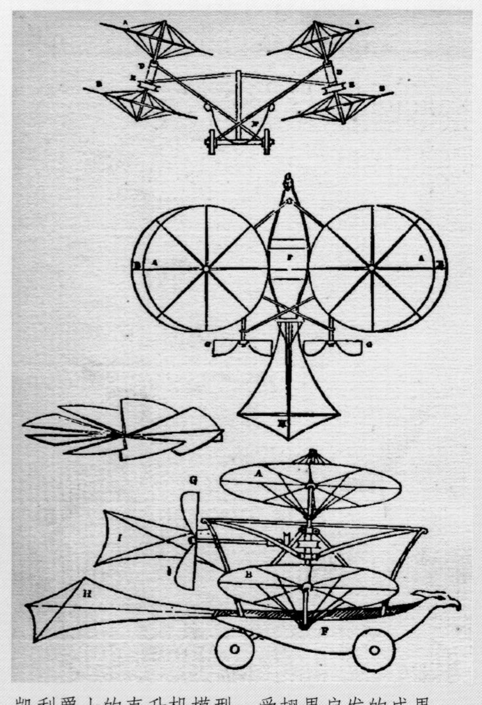

凯利爵士的直升机模型，受翅果启发的成果。

只需要看见在风中旋转的翅果，就不需要再去探究“翅果”一词的含义。所有人都知道这种从树上飘下的“降落伞”如何缓慢地飘向地面。事实上，枫树的翅果是一种双翅果——两个翅果互相连接组成一副螺旋桨。在这种情况下，两颗种子就能够滑翔数百米远的距离。一旦落到土地上，种子就开始等待它的时辰：它的坚固外壳使得它能够在萌芽之前存活好几年。

对于凯利而言，翅果的降落——更准确地说，是翅果的缓慢降落——犹如牛顿的苹果的掉落。凯利发现了正是叶片的形状和翅果借助叶片而旋转的速度使翅果能缓慢降落，更确切地说，是螺旋桨的动作让翅果能在空中停留。乔治·凯利爵士就是这样发现了直升机的原理，这比第一架飞机成功起飞早了好几十年。

至于第一架直升飞机的起飞，要等到一百年后，在诺曼底。不过故事远未结束。凯利的独到眼光刚被一项新的发现证实。荷兰的瓦赫宁恩大学的研究者们发现，翅果通过在它的上方制造一个空气旋涡而减缓它的降落：旋涡令种子旋转，由此增加了它的升力。这种现象被称作“前缘涡”，它也存在于大自然中别的地方，比如蝙蝠的飞行过程中。目前，这种现象被研究用于提高直升机以及降落伞的升力。翅果还没有说完它的故事。

翅果机器人

在 2008 年，离乔治·凯利爵士的发现已有两百年了，那个具有奇妙外形的机器终于成为现实：一个翅果直升机机器人——由美国马里兰大学航空航天工程专业的学生发明的遥控机械，它像直升机那样飞行，它的简单的机翼模仿了翅果的外形。

凯利曾梦想过，而他们将它实现了……

1 翅果和枫树叶子
2 成独特的一对
3 下落时旋转

千金榆

Carpinus cordata，桦木科

●中型（15～25m）阔叶树。●树干笔直，具有沟槽，树皮为灰绿色。●叶子互相交错，边缘为锯齿状，有叶脉，长4～9cm。●花为柔荑花序，与叶子同时出现；果实为成束的翅果，在秋天成熟。

下一页图片 >>>>>>>>>>>>>>
Carpinus betulus（欧洲千金榆）

折纸和太阳翼

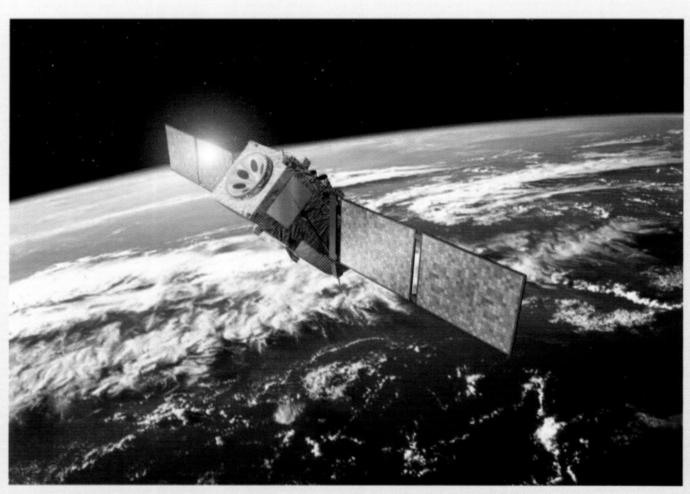

要使太阳翼完美展开，没有比千金榆叶子更好的模型了。

谁不曾在折叠地图时失去耐心，谁不曾梦想过一张只要一个动作就可展开、折起的省事的地图呢？不过，当日本的三浦公亮教授关注这个问题时，他并不是要为徒步者提供便利，而是为了去征服宇宙。自1970年起，这位航空专家就对折纸艺术产生了极大热忱。他的目的就是：设计一种能让航天器的太阳翼在大气外无损耗地展开的折叠模式。

然而，这样一种理想的折叠方法已存在于大自然中。某些昆虫，比如瓢虫，能毫不费力地迅速展开翅膀，而在展开之前，它们的翅膀是折叠在鞘翅下的保护性甲壳中的。不过，最具参考意义的模型其实是千金榆的叶子，它的嫩叶包裹在叶芽中时，是折叠起来的，并准备好在外层包裹打开时平展。即便在这时它还没有达到最终的大小，但它已经比包裹它的叶芽长得多、宽得多了。千金榆叶子的折叠方式合乎相对简单但高效的几何原理。它的叶脉很清晰，围绕一条中轴以V形平行排列，对应了折叠的峰线和谷线。这些角度让叶子在横向和竖向都能折叠。

在三浦公亮之后，许多工程师也同样开始关注折纸的艺术——在一片千金榆叶子的帮助下。而“Miura-Ori（三浦折叠）”的发明者为它注册了专利，它最出色的特点就是折纸的面积能够减少到它叠起之后一个方块的大小。

这种折叠技术已经被用于航空航天工业，如设计太阳翼——为卫星提供能量的太阳能电池帆板：这些巨大而脆弱的板在运输过程中必须折叠起来。另外，这种著名的折叠方法还找到了别的用途，尤其在制图学中……然而——不幸的是——上面说到的那种地图还没能为人所用。

枯叶地毯

还有什么比一张枯叶地毯更具装饰性呢？这正是一种新型地毯的设计师们所想的：一块模仿秋天森林地面的地毯……这个想法的起因是，在大自然中，同一个图案的随意重复或者重叠能够形成一种“有组织的混乱”——而这种混乱是极具美感的。因此，这里所说的地毯展现出不同图案的随意组合；当某一块用旧了，无论哪一块都能替换那一块，这样可以减少消耗并减低生产成本。

一片千金榆叶子和一把雨伞的区别是什么？

当我们打开一把雨伞时，雨伞的布会绷紧，维持这个结构的力是巨大的。只要其中的一根金属条折断，雨伞就无法继续使用了。千金榆叶子模型的优越性由此凸显出来，这种叶子能够沿着叶脉周围的脉络不带力地展开。一旦展开，叶子就保持平坦，而且并不因此失去了柔韧性；尤其是它的V形叶脉，使它能够顺承风向，承受尽可能少的压力。这种特质吸引了折叠型光生伏打电池的设计者们的关注。

I.
II.
III.
FEUILLE

ARPINUS betulus. N° I.
herb. Chibaud 1815.

翅葫芦

Alsomitra macrocarpa，葫芦科

●葫芦科藤本植物。●果实直径大约为 20cm，含翼展达 15cm 的翅果。●原产于爪哇岛的热带植物。

下一页图片 >>>>>>>>>>>>>>
Macrozanonia macrocarpa
（翅葫芦，同物异名）

植物策略

风布

同许多植物一样，翅葫芦依靠风来确保种子的散播和物种的生存——这就是所谓的风布。不过翅葫芦是一个特殊的例子：没有别的种子能有这样的滑翔能力；而且实际上，没有别的植物能像翅葫芦那样爬那么高。翅葫芦是一种藤本植物，它能沿着东南亚热带雨林中的树一路攀爬，直到林冠——也就是说，它的种子必须完成一个远途且危险的下降旅程。如果仅仅是被风吹走的话，翅葫芦的种子在滑翔过程中能划出直径大约 6m 的圆圈，这足够让它们远离藤蔓和树了。

纸做的翅膀

翅葫芦种子的传播方式正在被研究用于农业和林业。我们可以将一些超轻且可降解的翅膀安装在飞机投放的物品上，这些物品因此能拥有分散落到坚实土地上的方法。

飞翼

在 20 世纪初，埃特里希父子投身于一种风筝的制作中，他们的行为没有被同时代的人认真对待。然而，这两位奥地利实业家很快就在航空史上扮演起了重要角色。抱着对技术革新的狂热激情，老埃特里希跟踪着悬挂式滑翔机发明者奥托·李林塔尔（见第 106 页）的实验进展。在李林塔尔去世以后，老埃特里希收购了李林塔尔的几对飞行翅膀，并决定接过李林塔尔的火把。他同儿子伊格（Igo Etrich）一起测试了李林塔尔的器械，并且开始改善它们。不过这样的努力没有效果：他们的前辈所造出的模型不够稳定，因此并不可靠。在 1901 年，伊格差点在一次事故中丧生——而李林塔尔就是这样离世的。

埃特里希父子设计的飞翼之一，以翅葫芦为模型。

于是，伊格·埃特里希决定将重点放在飞行器的飞行稳定性上。就在这时，出现了翅葫芦（探险者从爪哇岛带回的一种藤本植物）的种子。伊格·埃特里希在汉堡做了一次旅行，目的就是亲眼看到这著名的种子——他因此受到强烈的震撼：翅葫芦的种子是理想的滑翔模型。它的双翼展开时达到 15cm，由两片超轻的、厚度小于 1mm 的“翅膀”组成，包裹着较重的作为重心的果核。翅膀在末端像回旋镖那样弯曲。得益于它的外形和重量分配，它拥有了完美的稳定性：不管怎样颠簸，它的重心都不动摇，它的方向也不会偏转。

就这样，伊格·埃特里希和他的父亲开始制作风筝——当然是以翅葫芦的种子为模型。这些风筝大都有超过 10m 的翼展，并且装上了 70kg 的沙袋，不过这只是其中的一个阶段。

弗兰兹·韦尔斯（Franz Wels），埃特里希的一个合作者，迈出了第一步，他替代了沙袋的位置——而且平安返回。从一个斜坡起飞后，埃特里希制作的“翅葫芦”能飞出几百米远，并且毫无困难地着陆。这是航空史上的一座里程碑，也是埃特里希的第一场胜利，几年后他还会设计出他的第一架飞机，用到的是自然界中的另一个榜样：鸽子（见第 96 页）。

理想的外形

埃特里希父子是最早但不是唯一从翅葫芦的种子中得到灵感来设计飞行翅膀的。比如，在 1986 年，奥地利人 J. M. 盖泽（J.-M. Geiser）直接从种子中得到灵感，制造出了能自由飞行的翅膀（取名为“翅葫芦”）。今天，对翅葫芦种子的研究不仅能帮助提升机翼的承受力，而且还能使风力发电机更好地利用微风。

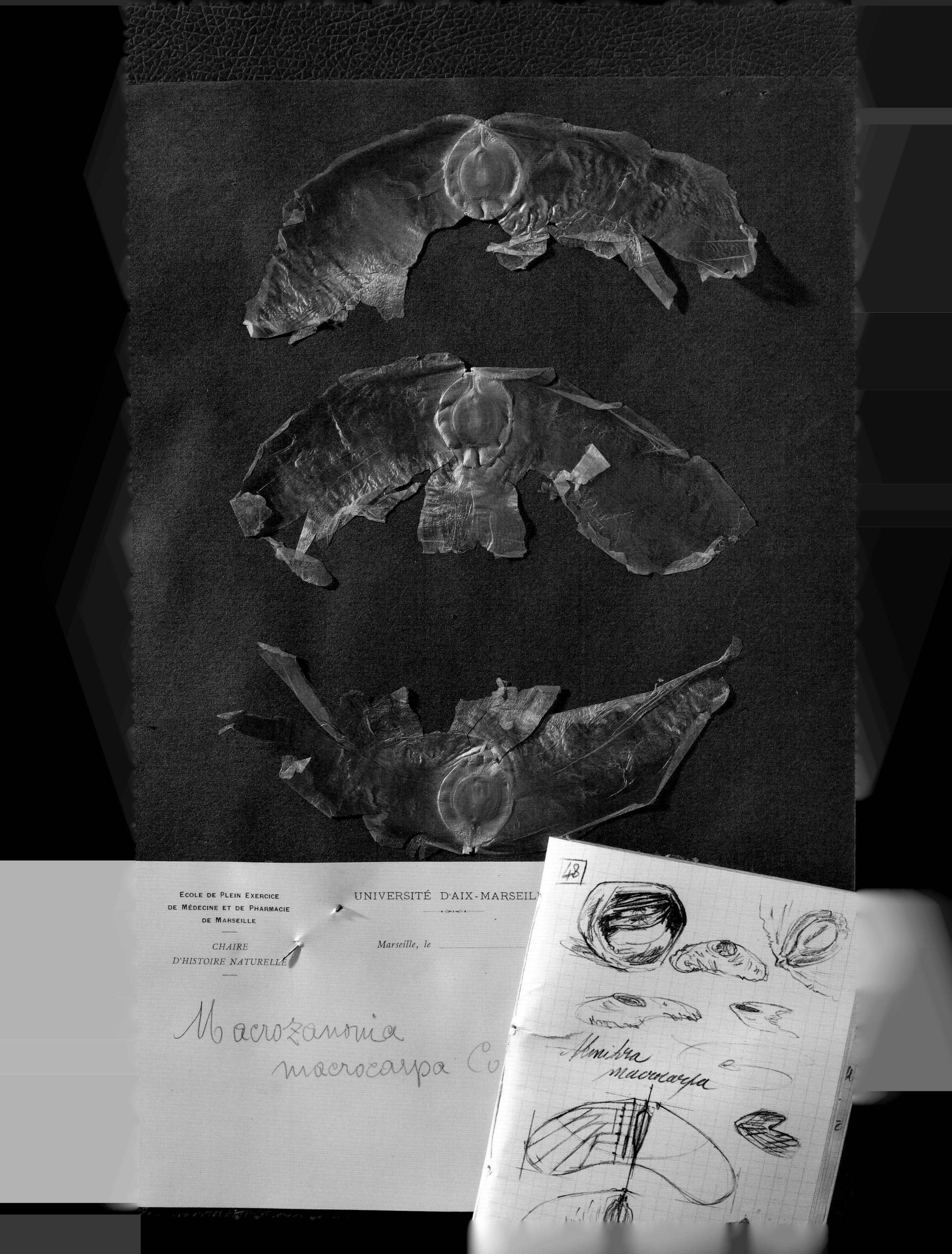
ECOLE DE PLEIN EXERCICE
DE MÉDECINE ET DE PHARMACIE
DE MARSEILLE
CHAIRE
D'HISTOIRE NATURELLE
UNIVERSITÉ D'AIX-MARSEIL
Marseille, le
Macrozanonia
macrocarpa Co
48
macrocarpa

海绵

Porifera（多孔动物门），动物界

●水生动物，没有器官，由两层细胞构成，一层在里，一层在外。●海绵没有生殖器官，也没有消化系统和呼吸系统；它们的神经系统十分原始。●大部分的海绵营底栖固着生活，匍匐或直立生长，有时候会长出分支；颜色鲜艳：蓝色、黄色、紫色、红色、绿色……●体长从几厘米到几米不等。●海绵分布在全球的所有地区，除了淡水以及受污染水域。

下一页图片 >>>>>>>>>>>>>
Spongia officinalis（沐浴角骨海绵）

从一种纤维到另一种

海绵、合成海绵与电子通信之间的联系是什么？答案是纤维。我们都知道第一项从海绵获得灵感的发明：合成海绵。海绵自古以来就被人类打捞起来，用于家庭清洁，也用于滤水、填充安全帽，或者避孕。海绵在数个世纪里被应用得越来越广泛，不停的打捞导致几种海绵几乎要灭绝了——但数十年前合成海绵的发明在最后关头拯救了它们。

从吸水纤维到玻璃纤维，海绵提供了它们的多样性。

我们所使用的海绵其实是动物的骨骼，所有的活细胞都已经脱离了它。这种骨骼是由海绵生产的多孔纤维——海绵硬蛋白组成。直到人们掌握了合成纤维后，海绵硬蛋白的吸收能力才得以复制——但合成纤维既不如它坚固，也不如它柔韧。换句话说，任何一种合成海绵都不如海绵骨骼耐用……

无论如何，今天的科技羡慕的不再是海绵纤维的多孔性，而是它们的坚固性。在众多海绵之中，并不是所有的海绵都利用海绵硬蛋白来生产它们的骨骼，如六放海绵（也被称作“玻璃海绵”），它拥有一种由硅质晶体构成的坚硬结构，正是这些晶体让研究者痴迷：它们组合成了一种十分接近玻璃纤维的材料，而且这种材料十分坚固。

比这更诱人的是，这类玻璃海绵中有一种叫阿氏偕老同穴（*Euplectella aspergillum*），它能生产可传递光线的纤维——而且比光学纤维更加精准。为什么？因为它们含有微量的钠，这种元素只能在常温下加入，但目前人造纤维都必须在高温下合成。多亏了海绵，未来的电子通信或许能从一种生物材料中受益了。

从海绵到小黄瓜

英国人把它叫做“小黄瓜（The Gherkin）”。不过，事实上，伦敦的这座摩天大楼更应该感谢海绵，尤其是阿氏偕老同穴这种海绵，而不是葫芦科的植物（指黄瓜——译注）。这座建筑模仿了阿氏偕老同穴的骨骼的辐射状结构，以及组成骨骼的元素的受力分布，形成了一个真正的有机支架。“小黄瓜”完全由三角形的玻璃板建造而成，竣工于 2004 年，拥有一套零消耗的太阳能采暖系统。它的空气循环系统同样模仿了阿氏偕老同穴：海绵当然不需要让空气流动，不过它能够过滤水，制造出漩涡效果来捕获食物。

动物策略

细胞的群居

海绵之所以被归类为动物而非植物，是因为它由动物细胞组成，动物细胞需要有机物维持生命。组成海绵的每个细胞，并没有一种单独的组织功能，它们只是简单地聚集在一起；它们能够持久生长是得益于它们骨骼的生长。因此，海绵代表了单细胞机体与多细胞机体之间的一个过渡：它能够以稳定的方式聚集细胞，但又不需要它们有各不相同的功能。

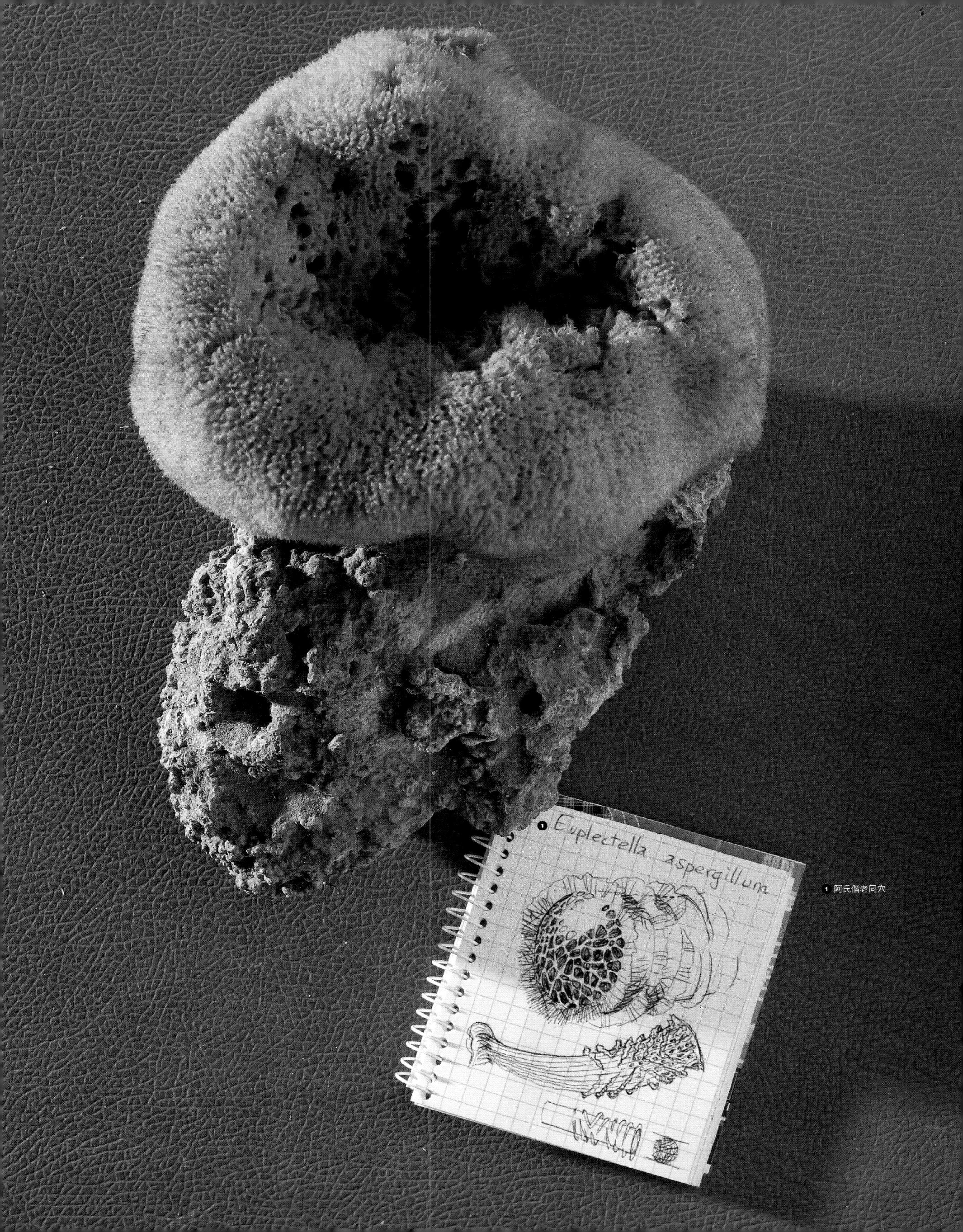

1 阿氏偕老同穴

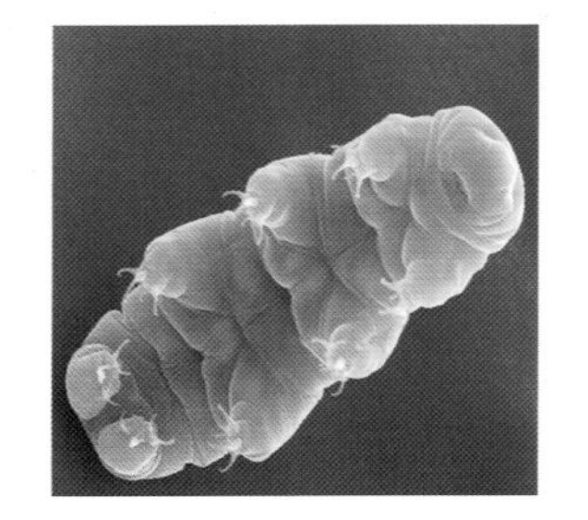

水熊

Tardigrada（缓步动物门），动物界

●多细胞微生物。存在超过1,000种水熊，分属3个纲：异缓步纲、中缓步纲、真缓步纲。●身体分成4段，外层有表皮保护，有8只末端带钩的足。●成年个体体长0.1～1.5mm。

下一页图片 >>>>>>>>>>>>>>
标本板上的水熊，以及唤醒它们的再水化的苔藓

隐生

有些动物在睡眠中冬眠，而水熊（这样的别称来自它的外表，最起码在显微镜下是如此）则找到了更好的对抗极端气温和恶劣环境的方法：它会“隐生”——换言之，它中断了它的生命功能。在这个近乎死亡的阶段，水熊能一直坚持到外界环境重新变得适合生存。这样的等待能持续数月，甚至数年：实验室的纪录是八年！

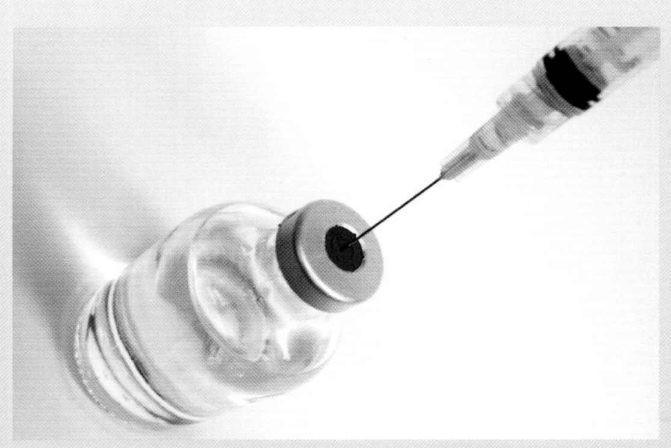

未来的疫苗不需要冷冻，因而更容易获取。

水熊是一种遍布地球的微生物，从极地到热带，从喜马拉雅山脉到海洋中的数千米深处。水熊以苔藓和地衣为食；就是在那儿我们能找到它们，另外在沙子、沉积物、淡水或咸水中也能找到它们。

在隐生过程中，水熊会脱水：它会将体内的水几乎完全地去除，并替之以一种糖，而这种糖会分散到体内的每一个细胞内。正是这种糖暂停了所有的生命功能，同时也保护了水熊。想要它复活，只需要将它放回水里：在几个小时，甚至几分钟后，它就会恢复。

为什么不将这种存活方式应用到别的生物上？这里并不是指用在比水熊体型更大的动物上，而是，比如，用于保护疫苗当中的活性成分。这种称为“液体平衡”的方式能用于疫苗，使其储存时不再需要冷冻。通过将构成疫苗的分子脱水，并且用类似于水熊产出的糖的保护层来保护疫苗，我们就不仅能让它们保持稳定，而且还能让它们抵抗炎热。这样未来的疫苗会更易于运输和保存，也因此更容易被人们获取，尤其是在那些缺乏医疗装备的地区。

生命体的保存

水熊的存活方式并非仅适用于疫苗：一家专注于这一领域的公司，Biomatrica，利用隐生的方式来稳定核酸，以及预防细胞的分裂。这些方法特别适用于保存和运输 DNA 样品。

想象仿生学

水熊来自外星吗？

没有任何生命能在缺乏空气的环境下生存——我们一直是这么认为的，直到2007年的一次实验。在这次实验中，水熊被放在绕地轨道上的科学平台中。它被放置在外太空里一个打开的小盒子中，最后被带回地球……而且从隐生状态中被唤醒后，它并没有受到明显的伤害！这引出了两个假设：如果它们能在外太空生存，那它们可能早就已经这样旅行过了——换言之，根据某些研究者的设想，水熊完全有可能来自外星球；由此而来的第二个假设是，如果水熊能在外太空中旅行，那别的物种或许也能……

动物策略

天下无敌

水熊的隐生并不能让它永生，即便这已经足够让它的生命周期从几个月延长到几年。不过，隐生让它几乎无敌了。一旦进入隐生状态，水熊就能在接近绝对零度的温度下生存，也能在150℃的高温下生存。它还能承受相当于水下60km处的压力。更让人惊叹的是，它比任何一种生物都更能承受辐射：水熊能承受的X光强度是哺乳动物的1,000倍，而且它们的生命功能并不因此恶化。

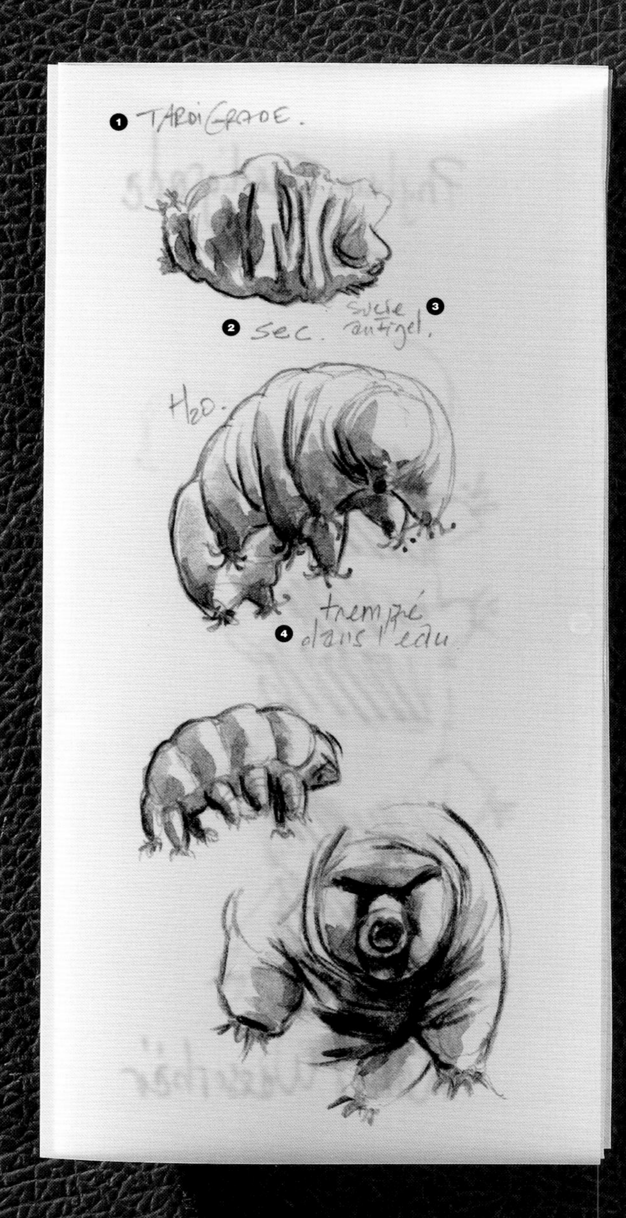

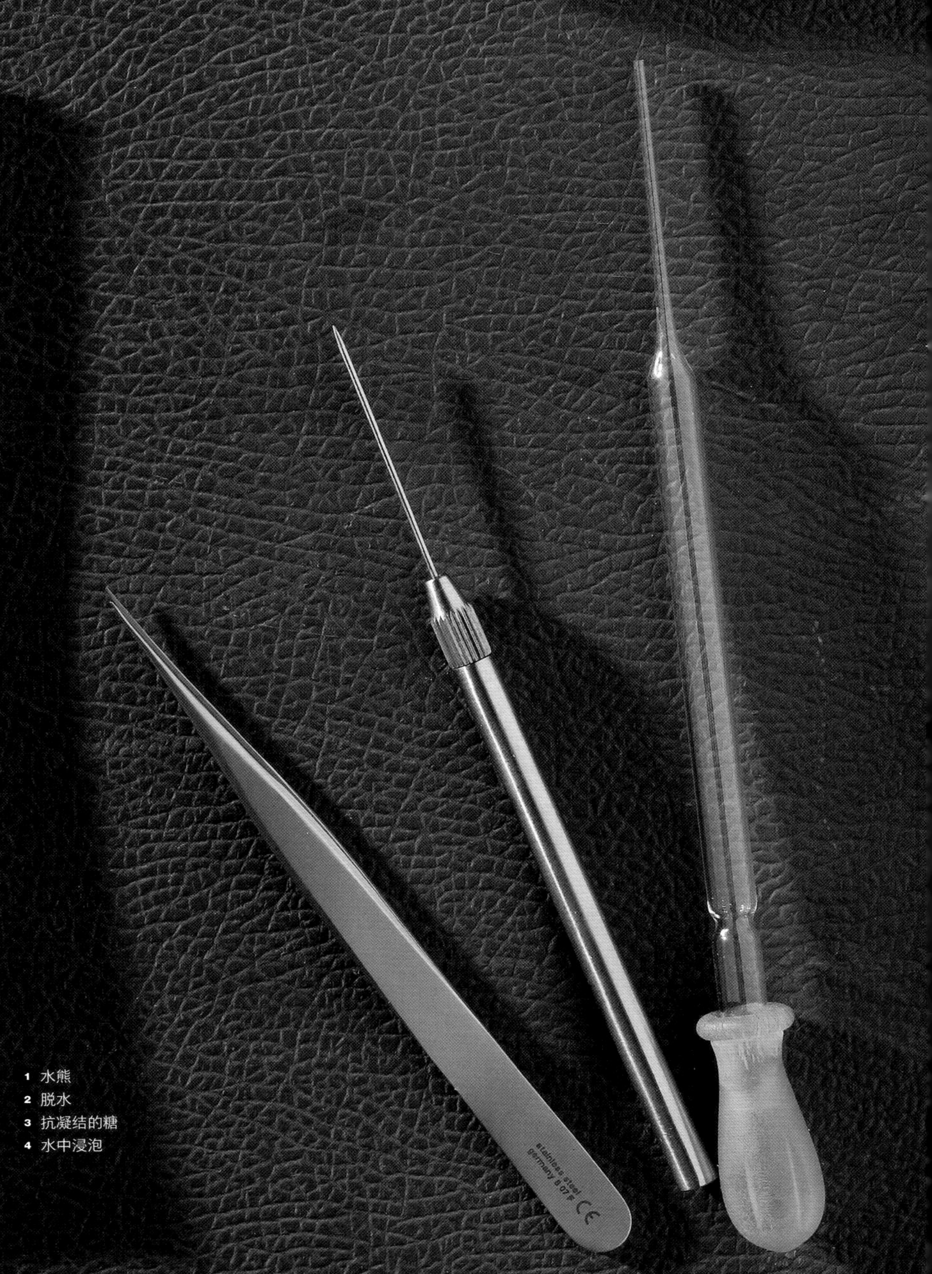

1 水熊
2 脱水
3 抗凝结的糖
4 水中浸泡

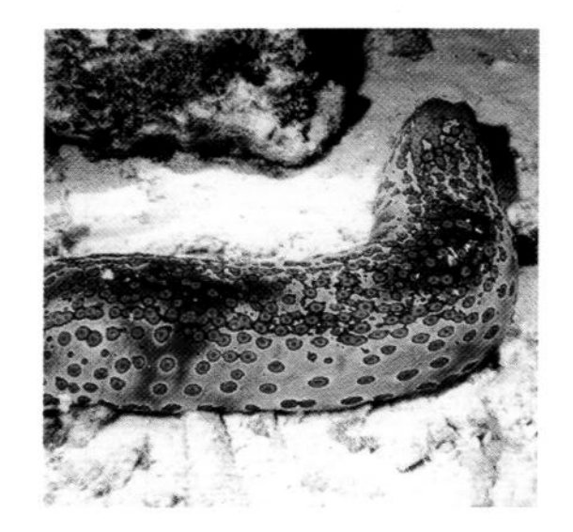

海参

Holothuroidea（海参纲），棘皮动物门

●海生无脊椎动物，身体柔软，长条形，皮肤粗糙，口周围有一圈触手。●几乎存在于所有海域，从沿海到海渊：在水下8,000m处，它们占生物总数的90%。●以浮游生物或深海中的沉积物为食。●存在超过1,400种海参，长1cm ~ 5m。

下一页图片 >>>>>>>>>>>>>>
Dendrochirotida（枝手目海参）

动物策略

光照驱赶法

梦海鼠（*Enypniastes eximia*），一种生活在加勒比海的海参，它具有发光的能力。当它不在海底吃沉积物时，它就会漂浮在水面下方十来米处——但在那儿它是最容易被攻击的。为了自保，它会利用生物发光作为抵抗冒犯的警报：即便最轻微的接触，都会使它“亮起来”。这并不是为了呼叫援军，而是为了照亮猎食者，让其处于同样脆弱的危险境地——猎食者也就暴露在体型更大的鱼的视野中。这种反应的激烈程度取决于接触的猛烈程度：海参可以只是受接触的部位发光，也可以是全身都发出强度或大或小的光。这种策略现在正被研究用于开发触碰照明系统。

未来医学

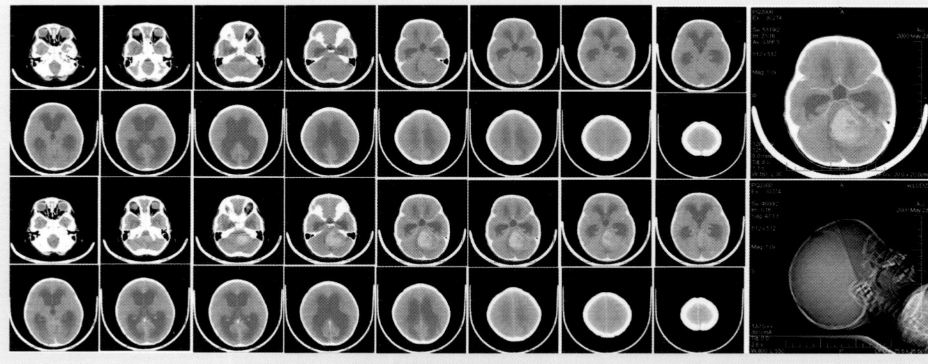

既柔软又坚硬的微电极和植入物？海参掌握着答案。

科学家把它们叫做“海参”，还给了它们一个不那么优雅的名字——海底黄瓜。这些鲜为人知的海底动物——大部分生活在海洋的深渊里——自2000年以来，就处于科学界的聚光灯之下。多亏了它们，脑部疾病的治疗或许能往前大跨一步。

在海参拥有的多种惊人才能中，包括一种将身体从柔软变得坚硬的能力。海参的身体足够柔软，能伸进任何岩石底下；但当它遭遇危险时，它能即刻变硬。这个秘密在于它的皮肤组织——由一种网状结构的纤维素纤维组成。当海参遇到攻击时，它能分泌一种分子来将这些纤维连接起来，使得皮肤转换成坚硬的盾牌。这些纤维之间的连接强度由动物的神经系统控制。当海参变得平静，它会分泌具有软化特质的蛋白质，使它的皮肤重新变得柔软。

这与大脑疾病有什么关系呢？关系就在于为了治愈这些疾病而植入大脑的微电极。为了能够被正确放置，这些微电极应该足够坚硬。只是，目前所使用的生产材料（金属、硅酮或者陶瓷）在时间一长以后都有可能破坏大脑组织（原因甚至就是它们本身的硬度）。另外，大脑细胞在对一个异物做出反应时，会“攻击”植入物，最后会破坏微电极的效用。因此微电极既要在操作时变得坚硬，又要在与新环境融合时变得柔软。

在2008年，美国克利夫兰州立大学的研究者首次成功地生产出拥有与海参同样特性的材料。它是由纤维素纤维和一种橡胶聚合物组成；当它被浸入水中时，水能够在分子级别上分离两种组成成分，使材料变得柔软。在未来，以这种方式制造的植入物，一旦被植入大脑，或许就能够“自然地”变软。在不久的将来，人类或许要大大地感谢海参。

制止猎食者的丝线

有一些海参，当它们受到攻击时，能发射出大量黏稠的丝线，以渔网的方式制止它们的敌人（鱼、蟹等）。这些丝线如此坚韧，以至于波利尼西亚人在礁石间行走时都用它们来保护双脚。这种丝线同时也被研究来生产一种水下胶水。

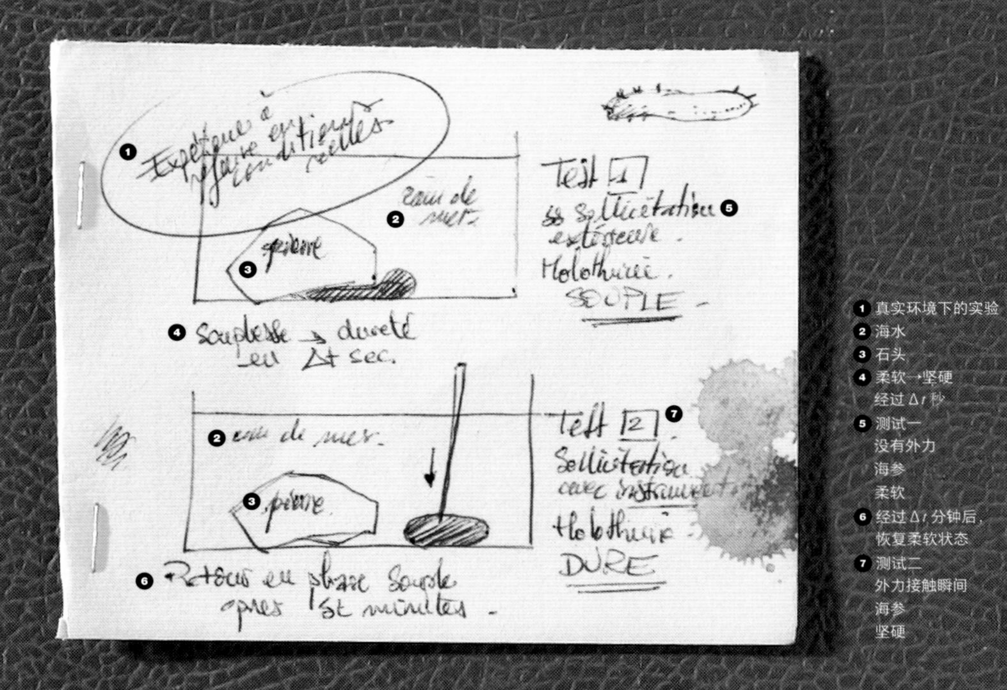

1 真实环境下的实验
2 海水
3 石头
4 柔软→坚硬
经过 Δt 秒
5 测试一
没有外力
海参
柔软
6 经过 Δt 分钟后，
恢复柔软状态
7 测试二
外力接触瞬间
海参
坚硬

鲍鱼

Haliotis（鲍属），鲍科

●海生单壳软体动物，椭圆外形，长度可达30cm；大部分长8 ~ 10cm。●贝壳边缘通常是排成直线的一列孔；壳内侧有珠光，呈虹色。●生活在温带或亚热带的海滨区域，黏附在浅水处的礁石上。

下一页图片 >>>>>>>>>>>>>>
Haliotis australis（澳洲鲍鱼）

神奇的反射

对于新西兰的毛利人来说，鲍鱼——被称作“*Paua*”——是神圣的贝类。它们的珍珠层在雕像中被用来代表神灵的眼睛。这不仅仅是因为它们的美丽，还因为，对于通过天空来观察世界的祖先而言，它们神奇的闪光与星星的光相似。因此，他们认为鲍鱼拥有传递神奇光线的能力。

动物策略

为防御而生的珍珠

珍珠是如何形成的？它们的珍珠质有着同鲍鱼贝壳一样的组成成分和结构，而珍珠的形成，起因是鲍鱼对一个入侵的异物的反应。为了不让异物对鲍鱼造成伤害，鲍鱼的肉体会在异物四周建起一个保护性的壁垒。不过，即便我们今天知道如何模仿珍珠质的结构，但目前来说，我们还是无法生产出能与鲍鱼的珍珠媲美的珠子……

比钢铁更坚硬

未来的防弹衣或许能像鲍鱼那样几乎无懈可击。

世界上最坚韧的材料是什么？不是凯夫拉纤维，不是钢铁或花岗岩，而是一种软体动物——鲍鱼的贝壳。因为它们的外形，这种贝类动物也被称作“大海的耳朵”，它们生活在全世界大部分海滨水域中——最起码，在那些还没有因为它们的食用价值而吃光它们的地方。鲍鱼其貌不扬：它们成群地黏附在礁石上，贝壳通常被海藻和水垢覆盖。不过，它们的内部却是反射着蓝色、浅红色和绿色虹光的珍珠质，这种珍珠质的美丽对某些种类的鲍鱼的生存造成了威胁……

除了略有差别的美妙味道，它们还形成了人类难以生产的一种坚硬物质。为什么？鲍鱼贝壳的坚硬得益于它的千层结构——这是一种简化的说法……事实上，这里所说到的结构是工程学上的奇观，它直接将最终的成品——贝壳的强度提高到它的组成成分的强度的3,000倍，这些成分是蛋白质以及石灰石（碳酸钙）。不同厚度的石灰石层层叠叠，中间嵌入扮演水泥角色的薄薄的蛋白质层。这个整体是以胶合板的方式构成，不过是在一个小得多的层次上：每一层的厚度只到一根头发丝直径的百分之一……

因此，鲍鱼的这个生产奥秘让工程师们痴迷。最近几年，一些模仿珍珠质结构的材料面世。密歇根大学的一个实验室开发了一种“钢铁塑料”，它是由微型的黏土层重叠而成，其间用一种聚合物胶水黏合。加利福尼亚的圣地亚哥大学则开发了一种“金属间化合物”，它模仿珍珠质的结构将铝和钛层叠。同鲍鱼的贝壳一样，这些材料都有堪称完美的抗冲强度：如果有一道冲击将它们撕开，裂缝并不会在材料中纵深传递，而是在构成材料的细薄层面上水平分散。它们的第一种用途或许是生产防弹衣……

鲍鱼和陶瓷

另有一些研究者希望掌握鲍鱼的技能来生产陶瓷……鲍鱼除了拥有珍珠质的坚固和美观，还有另一个优点：事实上，鲍鱼利用海水中的矿物质来形成自己的贝壳，并且不需要通过昂贵的化学操作——不需要像人类的生产方式那样，将矿物质置于高温下……同模仿硅藻（见第54页）一般，研究者研发出了一种有机玻璃。在不久的将来，我们或许能够拥有一种由天然物质制成的陶瓷——而且它还是环保的。

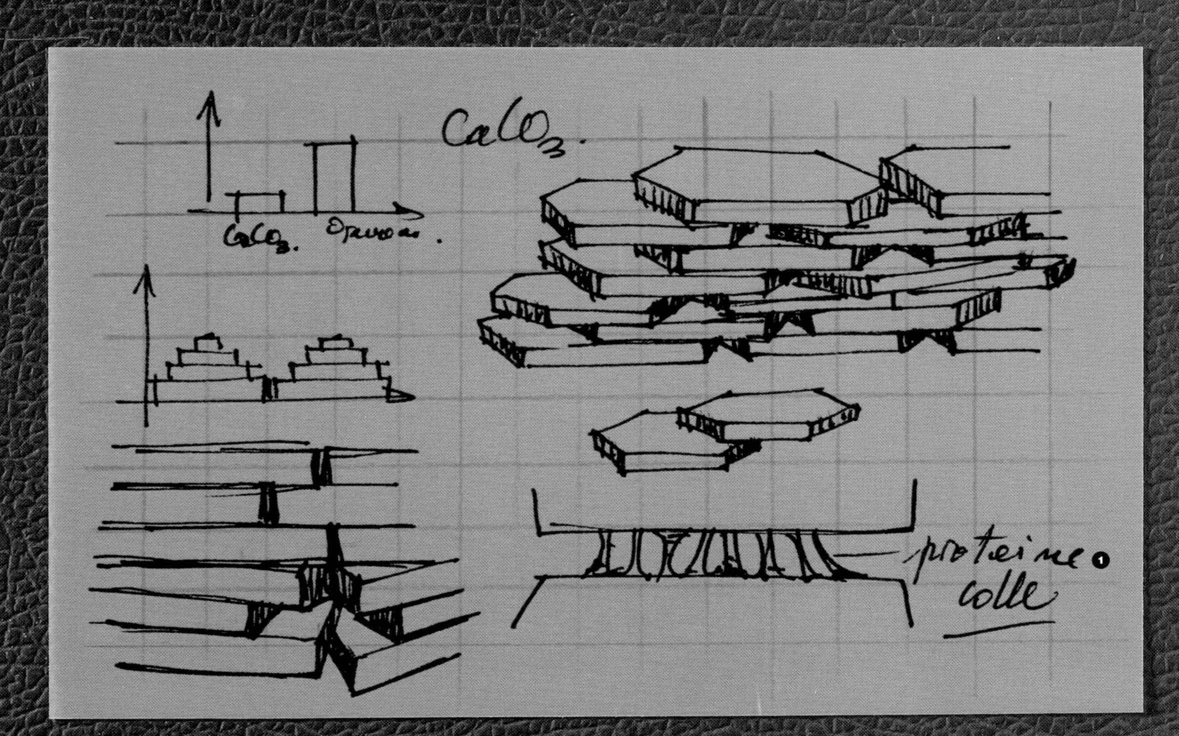

① 蛋白胶

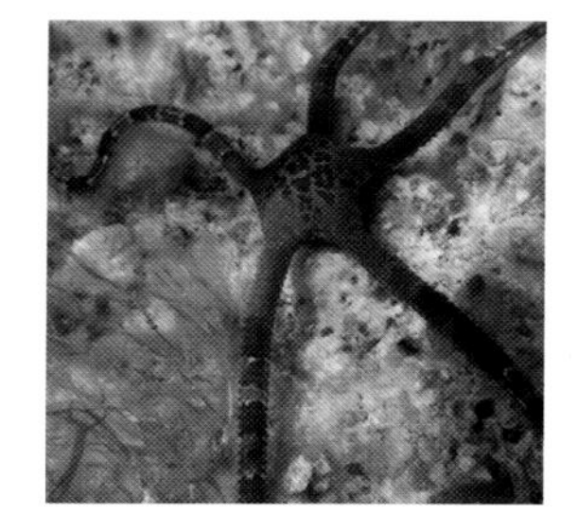

蛇尾海星

Ophiocoma wendtii，真蛇尾科

●小型海洋生物，外形似海星，身体为扁平圆盘形，有5只触手。●触手细，长5～8cm，用于移动和觅食。●骨骼为方解石，一种碳化合物。●生活在从百慕大到巴西的大西洋珊瑚礁中。

下一页图片 >>>>>>>>>>>>>>
Ophiocomina nigra（黑色蛇尾）

收集光线

蛇尾虽不如它的近亲海星那么广为人知，但它也有自己的魔法。蛇尾同样拥有5个分支，它用这5只触手在海底移动。然而，一种来自加勒比海的小型蛇尾，蛇尾海星，受到科学界的广泛关注，却不是因为它的外形，而是因为它的光亮：蛇尾海星的光线收集器比人类生产的任何一种都更完美。

蛇尾感光器的光学精度超过了光学纤维。

白天，蛇尾在礁石的凹陷处躲避捕食者。这时，它的颜色是与环境混为一体的红褐色。然而，到了晚上，当它出来觅食，它会发出一种美妙的白色和灰色光线。如此巨大的反差曾让人们以为它们是两个不同的物种。戈登·亨德勒（Gordon Hendler），一位海洋生物学家，在20世纪70年代末，发现蛇尾海星能够改变颜色，而且它还拥有感光器。只是这两种特点之间有什么关系呢？

戈登·亨德勒发现，蛇尾在白天的褐色颜色来自一种含有彩色色素的“色素细胞”，与在乌贼（见第76页）身上找到的为同一类。在夜晚，这些细胞会收缩，光线能够穿透细胞直达动物的骨架，骨架上覆盖着一种微小的光线收集器。这些光线收集器是透明的，外形就像光学透镜，而且，在它们的焦点上，是能对光线做出反应的神经细胞。

现在的问题变为：我们能生产类似于蛇尾的感光器吗？它们极高的光学精度正是光纤和信息科学领域所需要的。蛇尾海星的骨骼是方解石，一种为人熟知的材料，由碳合成的晶体结构的矿物质。不过，蛇尾的巧妙在于，它合成的方解石透镜仅由一块晶体制成——我们通常在晶体上观察到的角正好就是透镜形成的突起。这是人类目前还无法模仿的生物奇迹。

动物策略

用身体观看

蛇尾没有眼睛，也没有别的明显的感觉器官。在生物学家戈登·亨德勒之前，人们都以为它是靠神经末梢捕获的信息来指明方向。神经末梢能够探明所处环境的化学变化。不过，今天我们知道蛇尾利用它们的感光器来感知水中的动作。它们具感光性的触手可以察觉到预示着猎食者来临的阴影，然后立即触发一个逃跑的动作。当我们能用整个身体观看时，哪里还需要眼睛……

完美的透镜

理想的透镜是在17世纪由笛卡尔（Descartes）和荷兰的科学家惠更斯（Huygens）发明的。他们发现只有一面凸起的透镜是不完美的，它不能将收集的全部光线都集中到唯一的焦点上。于是，他们想到了将透镜的另一面也打磨成凸起状，以此修正这个缺陷。通过电子显微镜观察得知，蛇尾的方解石透镜完全符合笛卡尔和惠更斯计算出来的完美曲线。

1 骨架（光线收集器）
2 夜晚
3 白天

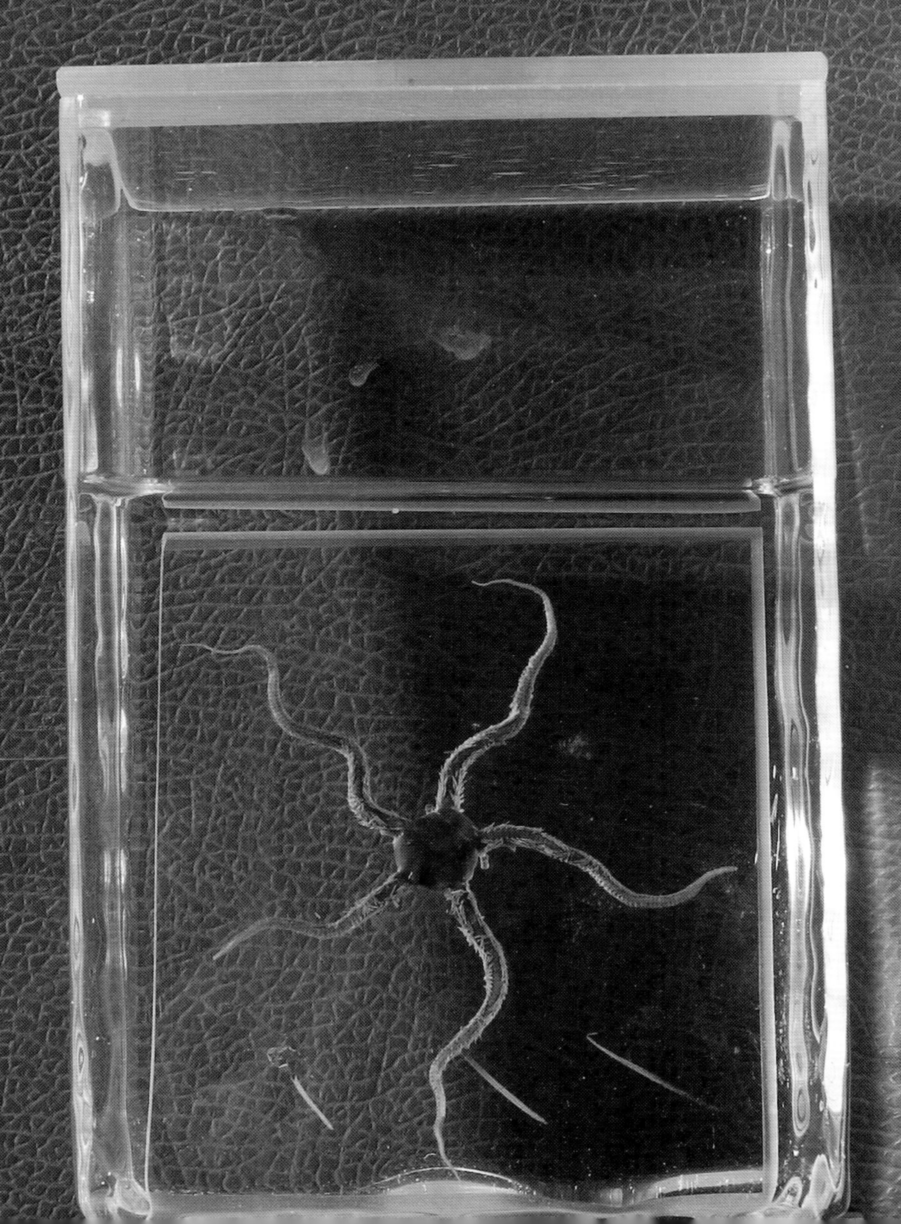

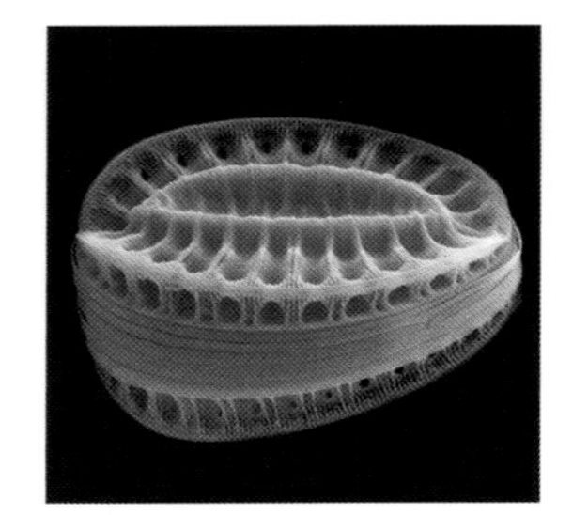

硅藻

Bacillariophyceae（硅藻纲），硅藻门

● 单细胞微型藻类（2μm ~ 1mm）；浮游植物群落中最常见的成员之一，分布于所有水生环境中。● 硅藻是植物，它们利用阳光并且生活在水面附近。● 每一个硅藻都有硅质的外骨骼——硅藻细胞壁，由互相套合的两个部分组成。● 至少存在100,000 种硅藻。

下一页图片 >>>>>>>>>>>>>>
含硅藻的河卵石、硅藻片、硅藻土（由硅藻的骨骼组成的岩石）

软化学

“世上鲜有比硅藻更精美的硅质外壳。它们被创造出来不就是为了让人类欣赏吗？”在 19 世纪，伟大的达尔文这样说道。一个半世纪过后，硅藻用途的清单还在不断地加长。最初，这些微型藻类让它们的观察者如痴如醉，显微镜的长足进步也要归功于它们。

在常温下生产玻璃，而不是在 1,500℃的高温下……

但硅藻还拥有一项宝贵的技能：在低温下生产玻璃。人类自古以来就掌握了玻璃的生产技术：即便这项技术一直在发展，我们也还总是将沙子置于高温中来生产玻璃。玻璃和沙子的主要成分都是硅，高温能够改变它们的化学结构。

不过，硅藻能够完成同样的事情——而且是在常温下。它们的外骨骼——细胞壁，也是由硅组成，并且与不透明玻璃相似。硅藻以水中的硅为原料生产这个保护壳，通过一种极其简单的化学反应（只是人类极难实现）：它们除去硅粒子间的水分子，接下来就是化学家们所称的“缩聚作用”——硅原子在氧原子的帮助下互相连接。它们形成极小的硅珠，这些硅珠是随后生产细胞壁的材料，并且不同种类的硅藻有不同的排列方式。

在 20 世纪 80 年代发展起来的“溶胶 - 凝胶”工艺，使得玻璃生产用上了硅藻的方式——但精准度远不如硅藻。比如，我们用这种方法来沉积出一种玻璃涂层，它能够提高窗户和屏幕的质量。这种能在常温下完成的工艺，甚至能够将无机化学与有机化学结合，创造出新的材料。这一种“软化学”已经改变了医学的方方面面：以硅藻为模型，一些活体纳米材料能够在玻璃丸的保护下进入病人体内，并且在病灶上治疗疾病。这样的回答肯定会让伟大的达尔文陷入沉思。

生态系统的工程师

硅藻是可靠的水质评判标准，因此江河的水质都是通过硅藻（或者硅藻土）生物指数来衡量。硅藻生物指数（IBD）通过计算收集到的水样中硅藻的多样度来得到。不过，这些藻类在生态系统中的角色并不限于一个单纯的指标。它们不仅占据了食物链底层的绝对位置，而且还能够影响环境的物理条件，比如通过其分泌的碳水化合物稳固土壤。研究人员正在设法复制这种稳固能力。

彩绘玻璃窗模仿了硅藻？

硅藻细胞壁的图案如此迷人，以至于人们认为它们是哥特式教堂的蔷薇花饰的参照模版。

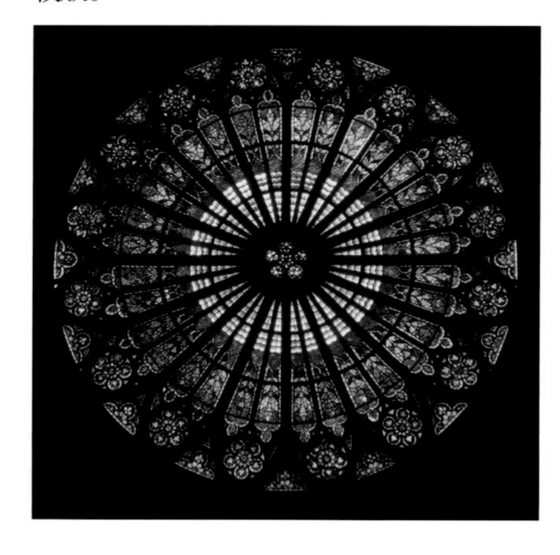

当建筑学遭遇生物学

在 20 世纪 70 年代，建筑师弗雷·奥托（Frei Otto）和生物学家 J. G. 黑尔姆克（J. G. Helmcke）共同对硅藻产生了兴趣：在大规模复制生产的情况下，微型藻类的硅质骨骼能够作为建造轻结构建筑的模型。硅藻外壳的结构——以极其牢固的方式组合寻常的元素——启发弗雷·奥托和其他建筑师设计出了巨型混凝土圆顶。如同它们的学习榜样一样，这些圆顶的特点在于最低限度地使用建筑材料——建筑的这种外形本身就能形成支撑。

1 硅藻
2 硅酸
3 瓣面
4 核
5 玻璃丸的形成
6 双瓣的天然玻璃硅酸壳（骨骼）

珊瑚虫

Anthozoa（珊瑚虫纲），刺胞动物门

●海底无脊椎动物，骨骼在生命过程中不断生长。●珊瑚虫群居生存，它们组成了珊瑚礁以及热带海域中的环礁。●组成一片珊瑚礁的圆柱形珊瑚虫个体有 1～3mm 宽。●群居的珊瑚虫通过薄膜连接；水和食物在它们之间不停流动。

下一页图片 >>>>>>>>>>>>>>>
Diploria labyrinthiformis
（沟槽脑珊瑚），被称为
“尼普顿的大脑”

珊瑚，解决经济危机的方案？

这个问题比它看起来要严肃许多。珊瑚礁是我们所称的“第三类生态系统”，在生态学上，它对应最能够持续发展的环境。仿生学方面的美国专家雅尼娜·拜纽什解释说，现如今大多数的企业都像第一类生态系统那样运作（不同于珊瑚礁）。这些被称作“殖民者”的生态系统，通常是最先建立起来的（比如在一场灾难过后），它们的特点是各有机体之间的零共生性、巨大的能源消耗以及高速的增长。不过，在大自然中，这些第一类生态系统，即“殖民者”生态系统，并不能够持久——这与珊瑚礁相反。因此，一些经济学者和企业顾问以珊瑚为榜样，来学习同一组内的成员如何协同工作，又或者，在全球层面上，学习如何重新创造明天的经济。

绿色水泥

通过生物矿化作用生产水泥，是谎言还是未来？

一切始于加利福尼亚，在21世纪初，一家新兴企业宣布他们开发出了一种革命性的、生态无害的工艺：无污染的水泥生产方法。这家公司——卡莱拉（Calera），引发了热议：由于他们拒绝透露任何关于这项神奇工艺的信息，许多科学家都认为这是一个骗局——除非说，卡莱拉公司在兜圈子，他们的生产方式甚至比现有的生产方式造成更大的污染。

确实，直到目前水泥工业仍是给地球带来污染最多的产业之一：它产生的二氧化碳占人类活动排放的二氧化碳总量的10%。在水泥依然是全世界最重要的建筑材料的情况下，污染解决方案就显得十分必要。在几个月的争论之后，当卡莱拉建设起一座生产基地时，他们选择不透露工艺的细节，而是透露其关键：生物矿化作用，更准确地说，是珊瑚虫的生物矿化作用。

生物矿化作用是指生命体生产矿物质的过程。例如珊瑚虫利用海水中的元素生产石花，后者组成了它们的骨骼。为了达到这个目的，它们会触发一种化学反应，即在一个密闭的空间里，将水中的碳转化为碳酸盐离子。产出的结果是一种矿物——文石，它具有极其坚硬的特点。

后来，卡莱拉公司生产出了一种建筑材料，这种材料虽不具备水泥的所有特征——尤其是它的黏合性有待提高，却能够与水泥混合使用。更让人意外的是，卡莱拉公司用二氧化碳合成了这种物质（因此，它会回收二氧化碳），而不是产生二氧化碳，这种做法与传统的水泥生产过程截然相反！要知道，生物矿化作用并不仅仅属于珊瑚虫，它在大自然中十分常见——从软体动物的贝壳到我们的骨头。这些都是送给未来材料科学的上佳学习榜样。

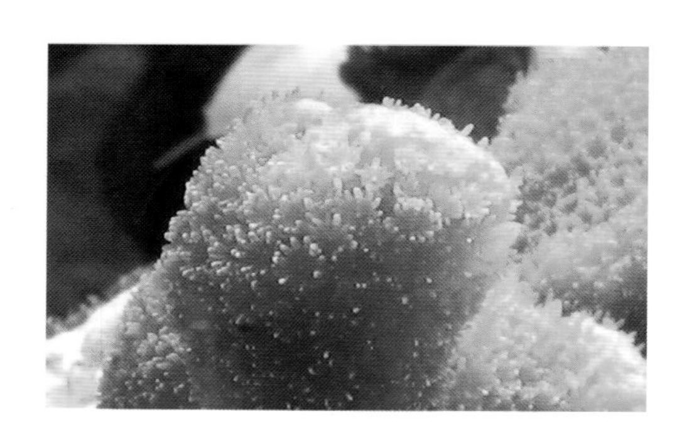

动物策略

共生

除了模仿珊瑚虫的生产方式，卡莱拉公司的试点工厂还借鉴了珊瑚虫的另一种策略：共生。珊瑚虫与一种微型藻类——虫黄藻共生，后者通过光合作用生产珊瑚虫呼吸需要的氧气。以同样的道理，卡莱拉公司的工厂建在发电厂的旁边，以便利用发电厂排放的烟雾的热量以及二氧化碳，他们需要后者催化类似珊瑚虫的化学反应。

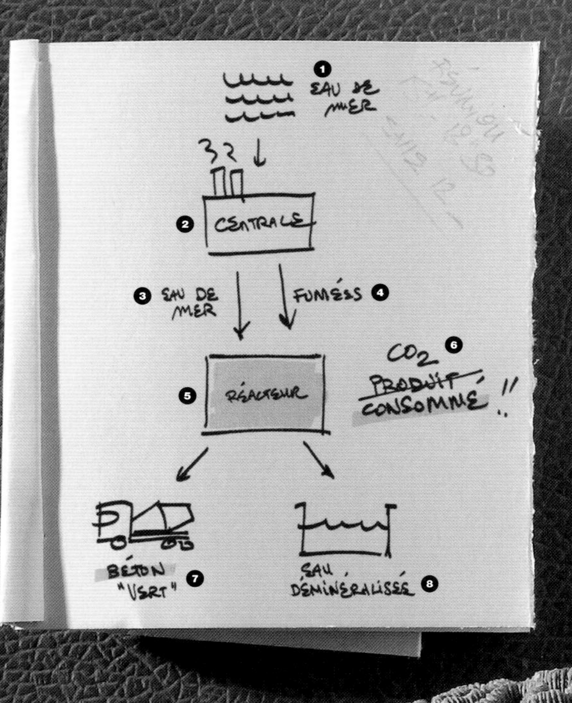

1. 海水
2. 发电厂
3. 海水
4. 烟雾
5. 反应器
6. CO_2
   ~~生产~~
   消耗
7. 绿色水泥
8. 脱矿水

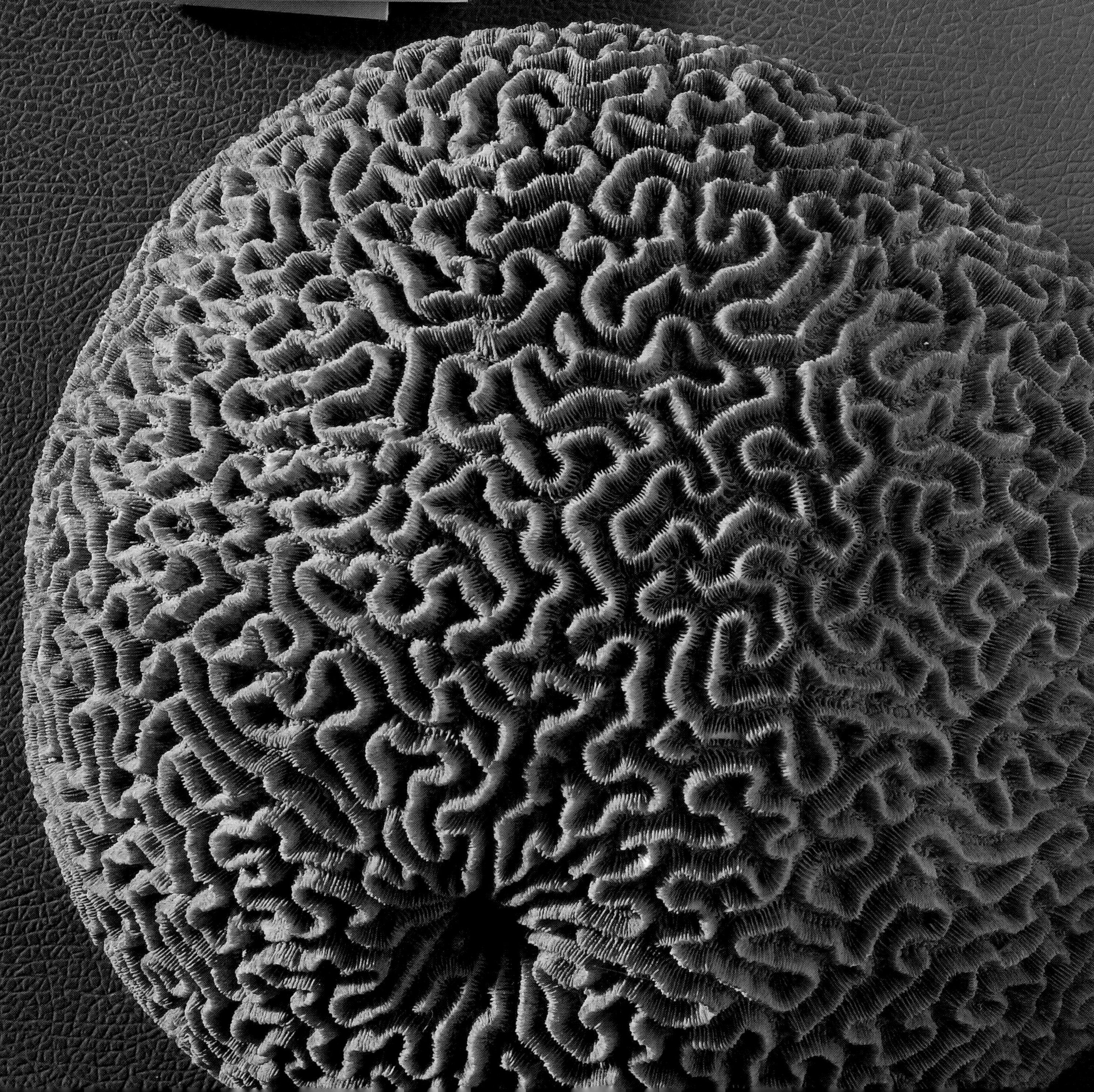

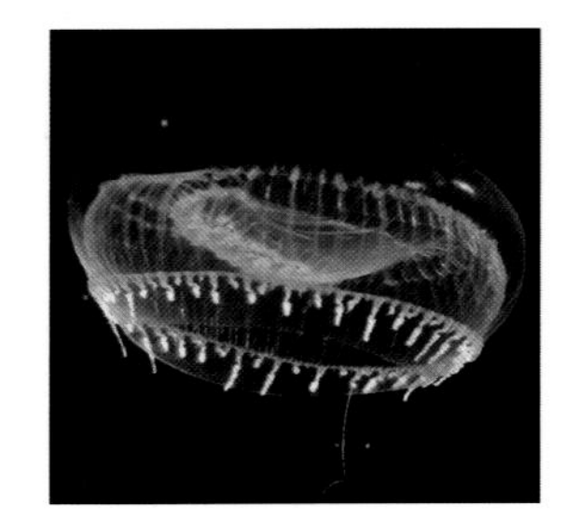

水母

Scyphozoa（钵水母纲），刺胞动物门

●胶状身体的海洋生物，呈钟形帽状，内面中央有一条下垂的管。●有细长的触须，最大型的种类的触须可达数米长。●大部分的水母是透明或半透明的。●生存在世界上的所有海洋中；也有的生存在淡水中。

下一页图片 >>>>>>>>>>>>>
Pelagia noctiluca（夜光游水母）

动物策略

自己发光

请不要混淆：具有生物发光能力的动物和植物是自己产生光亮，而不是捕获已经存在的光亮（比如猫眼中的反射）。具有生物发光能力的物种有萤火虫、发光虫，当然还有蘑菇，以及数量众多的水下生物：枪乌贼、鱼、甲壳动物、浮游生物……

制造涡旋

不，这并不是科幻小说，水母确确实实通过制造涡旋来移动。生物学家发现这一点时，正是在尝试解答一个矛盾的问题：既然水母的肌肉很不发达，那它怎么能在水中以这样的速度移动呢？事实上，它以精准的频率收缩肌肉，这使它能依靠此前动作产生的水流来推动自身。换言之，它依靠自己形成的一个接一个的涡旋来移动。未来的运载工具或许能从中找到一种节能的运行方式。

生物发光

人类的梦想：凭借蛋白质发出自己的光。

海洋深处一片漆黑？不全是。从水下850m、人类肉眼完全看不到阳光的地方起，就会出现另一种光亮：海洋生物的光亮。其实，在这样的深度，大部分的生物都具有发光能力，也就是说它们能够产生自己的光亮。水母也不例外：在它们身上，我们能观察到不同种类的难以置信的光线效果，从蓝色到玫瑰色，甚至闪光。有一种生活在北美的寒冷水域中的水母——维多利亚多管发光水母（*Aequorea victoria*），它让人们发现了海洋生物的发光原理。

在那之前，人们都是用比深海生物更易于观察的动物——萤火虫来研究生物发光现象。不过，自20世纪60年代起，日本科学家下村修就专注于美洲水母。同许多海洋生物一样，维多利亚多管发光水母发出一种蓝色光——在水中传递效果最好的光。下村修成功地分离出了这种神秘的物质，也就是发光成分。它是一种蛋白质，能够引发一种化学反应；借助这位日本生物学家的工作成果，其他科学家才有可能分离这种物质，据此重制出需要的元素来引发同样的化学反应。毫无疑问，下村修发明的光并不足以照亮客厅，但它促进了其他学科的进步。

这种最初从水母身上分离出来的蛋白质长期被用于化学、生物学和医学研究。这种物质以“绿色标识”（指绿色荧光蛋白——译注）的名称为人所知（因为在蓝色波长范围的光线激发下，它会发出绿色荧光），它能够被植入细胞内，以标识细胞的生物进程。比如，用于跟踪癌症的进展。绿色标识在最近三十年内还促进了基因学上的许多发现——在2008年，下村修被授予诺贝尔化学奖。水下的世界还会继续为科学所用。

水母和胶质材料

水母身体的97%由水组成，所以理论上说漂浮并不是一个问题；问题却是，如何保持这种身体组织的紧密和牢固。构成水母身体框架的材料是胶原纤维——一种在人体内大量存在的蛋白质，就是这些纤维连接起了水母的胶质组织。如果我们能生产出与水母胶原相同的替代物，我们或许就能研发出一种既柔软又牢固的物质，它将成为水下建筑的完美材料。

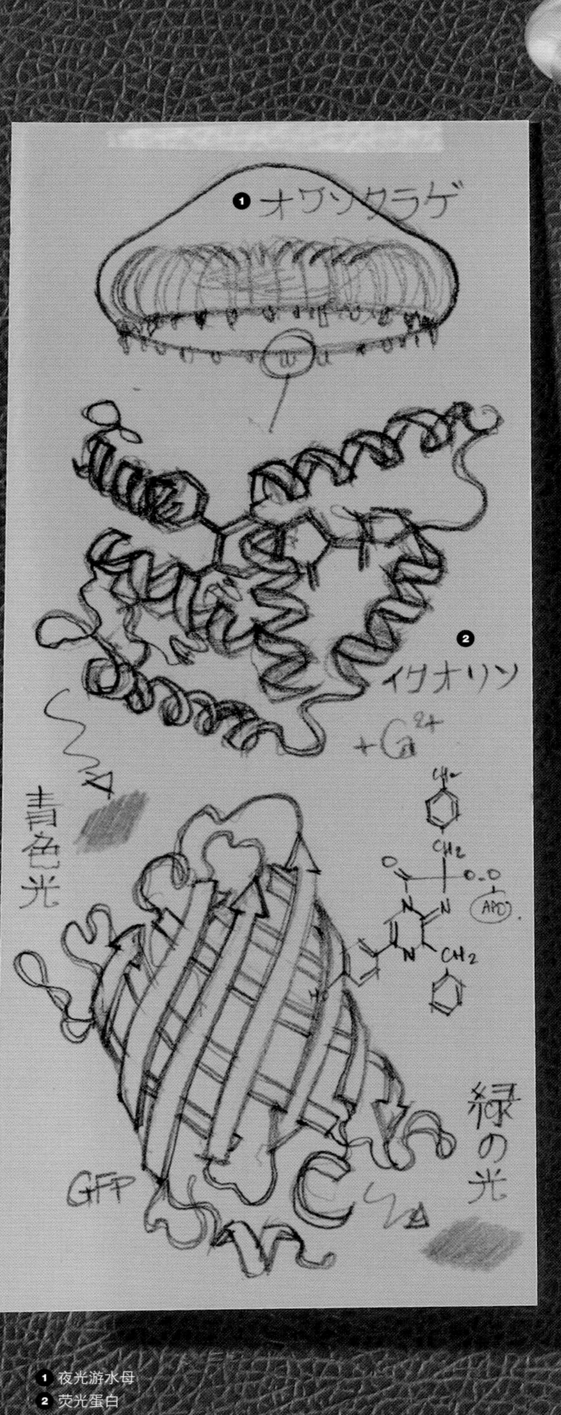

1 夜光游水母
2 荧光蛋白

Musée d'Hist. naturelle de Toulouse
ZOOLOGIE
PELAGIE BRILLANTE
PELAGIA NOCTILUCA
LA CIOTAT, 2006
MHNT. 200.2006.75.1

龙虾

Panulirus（龙虾属），龙虾科

●十足目甲壳类动物，几丁质外壳，触须长且粗。●体长20～40cm，重约0.5kg，最大的种类重可达5kg。●生活在热带海域，在海滨区域的礁石中或珊瑚缝里。

下一页图片 >>>>>>>>>>>>>
Panulirus sp.（一种龙虾）
以及两只虾

手机壳

为了能够用螯虾或龙虾的外骨骼——甲壳——那样坚固的外壳来保护手机，意大利设计师佛朗哥·洛达托（Franco Lodato，他还发明了一款模仿啄木鸟的冰镐，见第102页）产生了模仿这些甲壳动物的念头。它们的甲壳的坚固得益于坚硬层和柔软的几丁质层的交替层叠；洛达托所设计的手机壳也由坚硬和柔软的聚合物交替叠加而成。

动物策略

从甲壳到头盔

与龙虾一样，螯虾的甲壳也是由铰接在一起的刚性板组成，一定是它启发了中世纪末期土耳其战士的头盔的发明。这些头盔被叫做契斯卡格（Zischägge），它有一个“螯虾的尾巴”：这些层层叠叠的钢片能保护佩戴者的脖子和颈背，而且不会影响活动自由。由土耳其人发明的契斯卡格很快就传到了欧洲东部和德国，它在那里备受欢迎并且一直沿用至18世纪。

嗅觉探测器

龙虾是有鼻子的——或者说，它们有触须和腿，它们的嗅觉器官就分布在上面，而且其精准程度足以让香水师、工程师和军方汗颜，因为这些人也在尝试掌握这种技能。

“机器人-龙虾”能够进行水下排雷。

龙虾生活在热带海域的沿海珊瑚礁中。它们等到天黑才冒险来到开阔的海域，寻找它们的食物——鱼或小型甲壳动物。龙虾会采用一种奇怪的伎俩：置身于水流当中，同时将头从下往上摇摆。事实上，龙虾在进行复杂的化学分析，那让它能够在黑暗中猎食。

通过这个垂直的动作，龙虾长触须上的毛可以捕获一些由水流带来的分子。然后，龙虾将触须捕获到的分子的浓度与腿所捕获到的分子的浓度相比——它的腿上也有与触须上一样的接收器，接着，它就沿着它感兴趣的水流逆流而上。如此，龙虾能够捕捉到方圆十多米内的任何气味，而且能够判定这些气味的来源。

这也是由纽约科学家弗兰克·格拉索（Frank Grasso）和珍妮弗·巴兹尔（Jennifer Basil）发明的两个机器虾——威尔伯（Wilbur）和奥维尔（Orville）——想要实现的。威尔伯和奥维尔拥有龙虾那样的接收器触须，能探测气味并朝着气味来源的方向前进。在海里的测试中，机器虾能定位化学物品泄漏的地点；它们将会在整治水下污染的斗争中提供长期而有效的帮助。

威尔伯和奥维尔并不是唯一受龙虾以及同类的海洋生物所启发的机器人。海洋生物专家约瑟夫·艾尔斯（Joseph Ayers）成功地复制了龙虾的神经系统运作方式——以及移动方式：得益于一个中央控制系统，这个机器人能够实现真龙虾的动作，如移动、逃跑，甚至争斗。后来，艾尔斯的龙虾机器人被美国军方改进后用于水下排雷。我们可以想象，一个兼具威尔伯、奥维尔的嗅觉能力，和艾尔斯机器人的“越野”能力的新机器人，在水下排雷领域会拥有怎样的才能和用途。

一道热情的目光

龙虾的眼睛（如同其他十足目动物）能在水下以及黑暗环境中捕捉光线。它们由黏在一起的细小导管组成。这些导管的倾斜角度使得它们可以将各自捕捉到的光线无损地反射到一个点上。在20世纪80年代，发明家罗杰·约翰逊（Roger Johnson）产生了逆转这个过程的想法，他模仿龙虾的眼睛不是为了获取光线，而是为了散播光线。他据此研发了一套辐射取暖系统，其中的管道的倾斜度使它能够发散出热能。由罗杰·约翰逊发明的这种方法叫做“热区域（Hot Zone）”，它多被用于集体供暖。

1 捕捉气味
2 龙虾

美洲林蛙

Rana sylvatica，蛙科

●小型无尾两栖类动物（50～70mm），生活在森林的灌木丛中。●颜色为棕色，有些为金色或红棕色，眼睛上方有深色条纹，下方颜色更浅。●吻部尖凸，身体短小。●分布在整个北美大陆，一直到阿拉斯加。

下一页图片 >>>>>>>>>>>>>>
Rana dalmatina（捷蛙），
Rana temporaria（欧洲林蛙）

动物策略

等待解冻

在明白了林蛙如何抵抗寒冬之后，生物学家发现许多其他物种也采用同样的策略。其他的一些青蛙，以及一些鱼和乌龟——包括一种叫做锦龟（*Chrysemys picta*）的小型水生动物，在某种情况下能在冰层里度过一整个冬天。极北鲵（*Salamandrella keyserlingii*）能分泌一种与林蛙的抗冻剂相同的物质，而且分泌速度更快，这让它能够抵抗零下40℃的严寒。

低温活体保存

林蛙抗冻的秘密激活了低温活体保存的梦想：既然一只动物能够长时间在冰冻环境下存活且不被冻坏，那人类为什么不行呢？事实上，林蛙的抗冻的身体特质是人类的身体远不具备的。最受科学界认可的人体低温保存技术与林蛙的方式颇为不同——比如，前者致力于避免形成冰晶，更甚于保护细胞的内部。

自我冰冻的能力

生活在冰天雪地里的林蛙如何过冬？在北美洲的加拿大和美国阿拉斯加的森林里，当大部分的动物准备迁徙或冬眠时，美洲林蛙采用的是更加彻底的措施：它们准备把自己冻结起来……人们经常疑惑一只小小的林蛙怎么能在0℃以下生活好几个月。直到20世纪末人们才找到了这个疑问的答案：与某些逃往地下的蟾蜍不同，林蛙在最初的寒潮到来之时，停驻在正在分解的第一层落叶下，落叶的湿度能让它保持水合反应——至少在自我冰冻之前。这时候，树叶层开始结冰——林蛙也是。在好几个月里，它的所有生命功能（呼吸、心跳……）都停止了，直到春天才随着解冻重新恢复。

懂得如何抵抗严寒，而不必冻结自己……

它是如何做到的？当气温下降到一定程度时，林蛙开始积极地准备它的身体，产生出一种防冻剂。这种物质的组成成分是葡萄糖，也就是糖类——与所有脊椎动物的血液中流动的物质相同。林蛙的特点在于它能够承受难以置信的比正常值高出一百倍的糖类浓度。这种防冻剂聚集在它的细胞内部，而细胞本身并不冰冻。然而它体内大部分的水都结成了冰，以此阻碍所有器官的活动。

林蛙的这种适应能力引起了医学界多方面的兴趣。首要的目标就是改善糖尿病的治疗：林蛙对糖的耐受性或许能够解决糖尿病人昏迷的问题。然后，这种“细胞外”的冰冻方式指出了新的活体保存的方法——虽然目前来说，这只是一个极狭窄的应用范围，但用这种方法或许能长期地保存器官。我们也希望能模仿林蛙的天然防冻剂，制作出让人类不必冻结自己就能在寒冷中生存的运动装备。

避免昆虫叮咬的胶水

架纹蟾属（Notaden），一类澳大利亚蟾蜍，有与林蛙不一样的烦恼——当然也有不一样的解决方法。为了避免昆虫叮咬，这种蟾蜍能分泌一种覆盖皮肤的物质——真正的超级胶水：它能封住昆虫的嘴，使昆虫无法对蟾蜍造成伤害；它的另一个优点是会将昆虫黏在蟾蜍的皮肤上，而蟾蜍可以在需要时食用它们……总而言之，澳大利亚的研究者们正在开发一种结合了蟾蜍所分泌的胶水的特质的人造物质，用于外科手术：它的多孔结构使它能够在不阻碍营养物质流动的情况下缝合骨头或软骨。

1 抗冻的青蛙
2 冰冻临近
肝脏糖原变成糖类 = 抗冻剂
3 细胞保持原状（葡萄糖）
细胞外的空间冰冻
树蛙身体的 65% 左右冻结
→心跳和呼吸停止
4 超过阈值则会死亡

蜘蛛

Araneae（蜘蛛目），蛛形纲

●节肢动物门，有8只足以及带毒的螯肢。●多亏位于腹部末端的腺体，蜘蛛能够生产出用于移动（沿着丝）和织网的丝。●不属于昆虫，没有翅膀也没有触角。●目前发现的蜘蛛种类超过40,000种，分布在除南极洲之外的所有大陆。

下一页图片 >>>>>>>>>>>>>>
Holocnemus pluchei（大理石地窖蜘蛛），
Olios argelasius（奥利奥蜘蛛），
Araneus quadratus（方园蛛）

动物策略

在水面上行走

六斑捕鱼蛛（*Dolomedes triton*）是一种半水栖的蜘蛛，它在池塘的水面上捕捉猎物。为了定位猎物，这种捕鱼蛛像其他蜘蛛利用丝网那样利用水面：它能够通过水面的震动确定猎物所处方向。接下来只剩下展开攻击了，它的移动方式非常奇特：在水面上奔跑。事实上，由于液体的表面张力，水面能够形成一层“支撑面”，让捕鱼蛛在上面保持平衡。不过还不止这些：这层“支撑面”具有柔韧性，捕鱼蛛如果没有一项绝技的话，是不可能在水面上移动的。它用四对足中的两对来划桨——这同样是利用了水面的弹性。这种移动方式引起了包括纳米技术研究者在内的科学家们的兴趣。

蜘蛛发明网络

这当然是假的，蜘蛛并没有发明互联网。不过Web这个单词在英语中指蜘蛛网，这绝非一个偶然。蜘蛛网不仅提供了关于“世界网络”的隐喻，而且也让这个概念更易理解。在建构网络时，蜘蛛网也提供了一个完美的模范，这一模范既具延展性，又结构严谨，遵从着复杂的规律——有时候甚至是无法预见的规律。

仿生学的圣杯

蜘蛛丝制成的防弹背心，许多研究者都在探索……

蜘蛛丝对生物材料科学家的意义，就如同圣杯对于圆桌骑士的意义：一场充满启示意义的神圣、刺激且迷人的追寻——而且几乎是不可能实现的追寻。蜘蛛知道怎样生产——而且是以那么快的速度——那种比丝绸更柔软、比钢铁和凯夫拉纤维更坚韧的完美材料。这种材料同样能很好地用于生产缆绳（一条由蜘蛛网制成的缆绳能够拦下一架飞行中的飞机），还有光导纤维、外科医生的缝纫线——以及防弹衣。

自18世纪以来，人们就尝试应用蜘蛛丝。先是像使用蚕丝那样编织蜘蛛丝，不过，这样的企业无法盈利。首先是因为蜘蛛产丝的量比蚕少；其次，与蚕相反，蜘蛛不能被驯养：当蜘蛛们被关在一起时，它们通常会互相捕食。

所以，今天的研究者努力尝试用蜘蛛的方式生产蜘蛛丝，也就是说，以同样的原料——蛋白质来生产蜘蛛丝。人们梦寐以求的这种神奇的丝，其实是由两种不同的蛋白质组成，一种极具弹性，另一种极具强度。但目前生产与蜘蛛丝成分最相似的蛋白质的最佳方法十分离奇——养山羊。

一家加拿大企业培育出了一种转基因山羊，羊奶中含有宝贵的蛋白质，这些奶被倒入一个滤器中过滤，形成丝线的形状。最终得到的材料被专门用于医药和微电子行业。

其他的实验室也在尝试合成具有同样特性的聚合物，其分子会以同样的强度与弹性比例进行组合。我们期待，对“蜘蛛丝圣杯”的追求能以尽可能小的环境代价顺利进行……

在火星上翻滚的蜘蛛

翻滚圆蛛（*Araneus rota*），撒哈拉沙漠中的一种蜘蛛，它拥有动物世界中独一无二的一种技能：通过滚动来移动。虽然它的某些同类也能够在一条坡道上滚动以逃避捕食者，不过翻滚圆蛛具有明显的优势。它知道如何利用它的脚来加速滚动，因此它能够达到超过2m/s的速度，这是一个漂亮的纪录；当然，它也能利用它的脚行走——这样的双重移动方式吸引了研究者的关注，他们希望能够模仿翻滚圆蛛，研发一种用于太空探索的工具。也许几年后，撒哈拉沙漠中的蜘蛛能在火星探索中派上用场。

1 纤维
2 结晶的区域（层叠结构）= 坚固
3 无定性的区域（更加无序的结构）= 弹性

水蜘蛛

Argyroneta aquatica，并齿蛛科

●水栖蜘蛛，能通过一个气囊在水下呼吸。●雌性通常比雄性大 30% 左右；身体因缠绕的丝而呈银色。●凭借脚爪仰面游动。●在水下捕捉猎物；能分泌对人有害的毒液。

下一页图片 >>>>>>>>>>>>>
Aculepeira ceropegia（塞若尖腹蛛），
Araneus diadematus（十字园蛛），
Dolomedes sp.（一种捕鱼蛛）

依赖水生植物来循环空气

水蜘蛛不仅能够将氧气带入水下，而且似乎还可以通过它用以固定气囊的植物来循环呼吸的空气。这或许会成为改善水下工作站的空气循环系统的诀窍。

动物策略

能捕获湿气的网

昆士兰口哨狼蛛（*Solenocosmia crassipes*），一种澳大利亚狼蛛，它使用蛛丝的方式与水蜘蛛类似，不过它们的目的却是相反的。狼蛛的蛛网固定在洞穴的入口，在炎热的日子里，蛛网能够保持洞内舒适的湿度（狼蛛是喜阴的夜行动物）。而且这种网也足够防水，能够在暴雨天气阻止雨水灌入洞穴。最后，狼蛛还能利用蛛网获取饮用水：蜘蛛网能收集清晨的露水，在炎热时为洞内的居民解渴……

带着氧气潜水

英国人将水蜘蛛叫做“潜水钟蜘蛛（Diving Bell Spider）”：在人类成功将氧气带到水下之前，水蜘蛛已经发明了潜水钟。这种小小的蜘蛛居住在欧洲的湖泊和沼泽里，它们能在水下呼吸，这不是因为它们的肺部适应水下呼吸，而是因为它们能随身携带所需要的氧气。水蜘蛛的身体被厚厚的防水绒毛包裹，绒毛上附着有在水面上获得的空气；因此当它们潜入水中时，就拥有了一套真正的潜水服。不过这还不是全部：通过编织一个挂在水生植物上的不透水的网，雌性水蜘蛛就能够在水下制造一个生存所需的气囊。为了给这个气囊充气，它必须在水面上和水下来来回回。在水面上它将一些空气储存在腹部绒毛间，然后通过它的足将这点氧气“存入”气囊，直到这个网成为外形像榛子一样的气球。

最初的潜水钟，与水蜘蛛的气球相似。

在 17 世纪，最初的“潜水钟”利用的就是与水蜘蛛同样的系统。这些潜水钟——其中最有效的是由埃德蒙·哈雷（Edmund Halley）设计的，这位天文学家的名字还被用来命名一颗彗星——能为数个潜水者提供氧气。与水蜘蛛的气球一样，这些潜水钟也是从水面上补充氧气；它的使用者只要佩戴一个由导管连接到潜水钟的头盔即可在水下工作。

只有到了 19 世纪，随着第一批潜水服的发明，潜水者才能在水下离开潜水钟移动。不过，与水蜘蛛不同，这些最初的潜水者不能随身携带他们的氧气，而只能通过一根通向水面的导管进行呼吸。再等到呼吸调节器（一种可与水蜘蛛的丝网空气罩相比的便携的“肺”）出现，潜水员才能够自由行动。呼吸调节器的其中一位发明者就是雅克 - 伊夫·库斯托（Jacques-Yves Cousteau），他在几年后参与设计了一艘巨型潜水艇，而这艘潜水艇就叫做——水蜘蛛。

在水中保持干燥的布料

即便今天我们已经知道如何制造“水下的肺”，水蜘蛛也依然吸引着研究者的兴趣。它的蛛网的特质促成了一种不透水布料的生产，这种布料能够以水蜘蛛织网的方式包裹空气并且保持自身干燥。我们或许不仅能模仿水蜘蛛的网来生产潜水服和船舶涂料，而且能以同样的方式来制作（比如）使建筑物避免潮湿的绝缘外层。

❶ 在珍稀品展厅中是不可能找到一种新物种的。靠记忆完成的作品，以及一些相近的种类。

扇贝

Pecten（扇贝属），扇贝科

●双壳类软体动物，两面不等——一面平整，另一面鼓起；两面都有15～17条规则且明显的纹路。●颜色从浅红色到棕色，可能长有斑点。●有一块发达的闭壳肌（扇贝靠它移动）——这块肌肉正是供人享用的美食。

下一页图片 >>>>>>>>>>>>>>
Chlamys swifti（锦海扇蛤），
Pecten maximus（欧洲大扇贝）

动物策略

水力推动

在受到捕食者的威胁时，扇贝是能够逃生的——靠跳跃。

通过拍打两扇贝壳，扇贝能以足够的力量喷射出水束，推动自己快速逃离。这种移动方式——水力推动——是其他软体动物也具备的。扇贝这种移动方式的特点在于它消耗的能量极小。它通过闭壳肌合拢它的贝壳并将水喷出，而且一旦这个动作启动，由上壳进入的水的压力就会推动下一次的开合，这都多亏了两个具备弹性的器官。这种原理或许能用来完善水力推动系统，也能够用于其他装置，比如机翼和扇叶，以达到回收利用它们产出的气流的目的。

瓦楞板

扇贝自古以来就是画家、装饰家甚至广告人宠爱的图案。不为人知的是，扇贝也曾是一种灵感的来源——对工程师而言。法国人罗伯特·勒·里克莱斯（Robert Le Ricolais），在20世纪30年代最早对扇贝产生了兴致。作为工程师、建筑师，而且是大自然的狂热观察者，勒·里克莱斯长久以来一直在寻找能够在减轻自身重量情况下提高表面承重能力的方法——这就是建筑行业中所说的轻结构。

坚固的秘密：通过横向条纹强化竖向大波纹。

勒·里克莱斯在绘制扇贝贝壳上的波纹时，发现这些波纹其实有两种类型。在更大的波纹（该动物的代表性花纹）上叠加有细小的与之平行的纹路。这一种细纹的密度随着动物的生长逐渐增加，因此扇贝的贝壳会随之渐渐加重。勒·里克莱斯发现，这种大波纹与细沟槽的叠加能够增加贝壳的强度和承重能力。另外，扇贝的贝壳上还有另一种条纹，它与第一种波纹垂直，自身又形成同心半圆，而且它也与动物的生长有关。工程师因此将这种原理用于制造瓦楞板：通过增加与大波纹平行的细纹来强化铁板的大波纹，并且将两块板以大波纹相互垂直的方式叠加在一起，勒·里克莱斯由此获得了一种强度为铁板的七倍的材料。这些工作最终促成了最早的Isoflex板的产生。

对罗伯特·勒·里克莱斯来说，对扇贝的研究标志着他与大自然长久合作的开端。通过对晶体的研究，他还为建筑师打开了新的视角。我们今天所使用的轻结构很大程度上也得益于他对生命体的研究。

至于扇贝，它作为制造复合材料的榜样继续被研究。也正是它，使得新一代的超轻且坚硬的塑料手提箱得以面世；而且，它还启发人们研制出了能够遏制裂纹延展的混凝土结构。

总而言之，这是一个真正的成功事例。

光探测器

扇贝是有眼睛的——甚至有几十只，它们位于细小的触手（反射光线的微小黑点）末端。这些眼睛是由两片视网膜组成的，一片对光亮做出反应，另一片则对黑暗做出反应。这个系统使得扇贝对光线变化极其敏感：它们不能辨别阴影的形状，但它们能够在周围环境中的某些物体移动时即刻做出反应。这种双视网膜的系统正在被模仿来生产光控触发器，可用在路灯上。

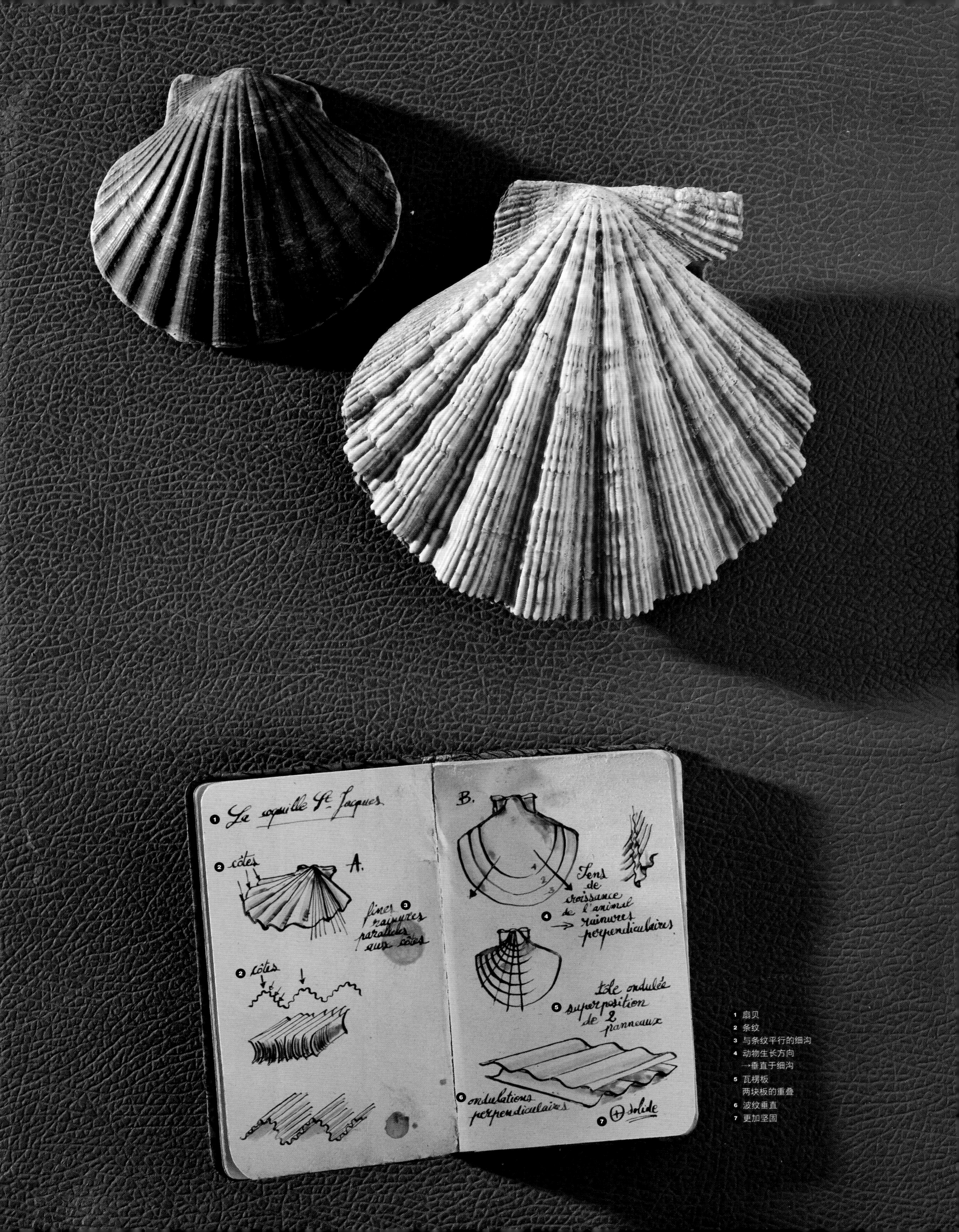

1 扇贝
2 条纹
3 与条纹平行的细沟
4 动物生长方向
→垂直于细沟
5 瓦楞板
两块板的重叠
6 波纹垂直
7 更加坚固

贻贝

Mytilus edulis，贻贝科

●双壳软体动物，体型中等（1～10cm 长），身体柔软，被贝壳保护。●钙质贝壳，其上有同心生长纹，贝壳颜色为褐色或蓝色，有些为紫红色。●身体包含一个脏腑组织，为外套膜所包裹，有一只足，它是贻贝得以黏附在礁石上的肌肉器官。●水生动物，生活在潮汐地带。

下一页图片 >>>>>>>>>>>>>
Mytilus edulis（贻贝），
M. galloprovincialis（地中海贻贝），
M. violaceus（紫贻贝）

动物策略

延迟生效的胶水

贻贝胶水难以模仿的原因之一，正是它太黏了……不过这个问题对贻贝来说并不算问题，因为贻贝的胶水能延迟生效。贻贝的胶水在分泌时是未成形的液体泡沫，在最后的时刻才转换成活性的胶水。研究者们目前还无法模仿这个生产奥秘……

脆弱的连接

贻贝的足丝还被研究用于修建抗地震的建筑……足丝能够承受压力，是因为它在分子级别上的一种弹性。这种弹性来源于原子之间的连接特点；尤其是这些连接的长度使它们能吸收压力。研究者还发现某些连接是脆弱的，专门用来被切断——它们的牺牲又能够增加整体的稳固性。

无敌胶水

俗语有言，“黏得就像贻贝黏石头”，贻贝在黏附能力上是个行家。但不同于研究者们关注的具有干黏附能力的壁虎（见第 90 页），贻贝用一种按需分泌的物质实现黏附效果。这种天然的胶水是足丝，在餐饮中也被称为“胡须”，也就是清洗贝壳时去除的细丝。它是贻贝生存必不可少的：如果它不能稳稳地固定住贻贝，海浪终会将贻贝的贝壳打碎。不过这个问题并不存在：贻贝有一种令人生畏的黏附力。瑞典的一队研究者曾尝试将足丝从贻贝身上取下，再将其转换为合成胶水，但最终放弃了这一计划：所获得的足丝黏附得过紧，以至于无法将其从分离它们的仪器上取下。

多亏了贻贝，我们生产胶合板时不再使用任何有毒物质。

虽然不能利用动物自身生产的胶水，但还是有可能复制它的生产秘密——至少，一部分秘密。同蜘蛛网一样，足丝的成分也是蛋白质，而且是由一种氨基酸——DOPA（二羟基苯丙氨酸）连接，这种氨基酸能通过分子键的作用产生一种凝结的效果，就像蛋清那样。

美国俄勒冈大学的研究者们将 DOPA 混入大豆蛋白中，以期获取同样的效果。他们成功了：以这种方式生产的胶水在黏合木质材料时有极其突出的效果。组合胶合板和家具的一种新方式就此诞生，同时它还有另一大优点，它不需要用到任何有毒物质——这不同于目前其他所有的黏合方式，而且，生产商说，这种方式比以前的技术成本更低。

还有许多研究者——尤其是医学方面的研究者，在设法模仿足丝的功能。一种无毒且在盐水中也能发挥同等效力的胶水，或许在修复人体病变、固定植入物和消除伤疤方面都是理想的材料……也许我们将在牙医的诊所里找到下一项模仿贻贝的发明。

完美的抗黏附

芝加哥大学的研究者们研究贻贝的足丝来实现完全相反的效果：发明了一种完全抗黏附的材料。这种涂层专门用于医学：它的结构能防止哪怕最小的细菌黏附。这是怎么做到的呢？还是多亏了那种能连接贻贝产生的蛋白质的氨基酸——DOPA。不过，在这种情况下，DOPA 的作用是黏合一种化合物，如果缺少了它，这种化合物中的抗黏附成分就无法组合——以及使用。

1 贻贝
2 足丝
3（从上到下）表皮
蛋白质
表皮
支撑面
黏附性蛋白质
4 含铁离子的十分
稳定的配位化合物
5 蛋白质的连接物

鹦鹉螺

Nautilus（鹦鹉螺属），鹦鹉螺科

●海洋软体动物，壳呈螺旋形盘卷，内部被隔膜分出腔室。●鹦鹉螺是头足动物，也就是说它们的“足”分裂成须，生于头顶；这只足的末端有约90根触须。●鹦鹉螺百万年来几乎没有进化；它与菊石有共同的特点，在化石上可以认出。

下一页图片 >>>>>>>>>>>>>>
Nautilus umbilicatus（脐状鹦鹉螺）

深海潜行

“丹尼斯”：库斯托船长的著名碟形潜水器。

鹦鹉螺的名字来源于一个希腊词语，***nautilos***，意为航海者。当然，并非是古希腊的航海家命名了这种只生活在南太平洋的贝壳类动物，这个名字最初是指一种地中海的章鱼。不过，发现了鹦鹉螺的旅行者们都被它在水下深处潜行时的悠然姿态所迷倒。因此，最初的潜艇发明者们都将自己的潜艇置于鹦鹉螺的庇护之下。

在1797年，美国人罗伯特·富尔顿（Robert Fulton）将他的铜质螺旋推进器起名为“鹦鹉螺（Nautilus）”；在1811年，科埃桑（Coëssin）兄弟在勒阿弗尔制造了他们的“鹦鹉螺（Nautile）”，不过它是木质的，而且靠船桨推动。在现实和小说中，这两个“鹦鹉螺”都成为了一系列长久试验的先驱。

不过，有趣的是，第一个真正将鹦鹉螺的水下潜水经验用于实践的器械叫做“丹尼斯（Denise）”。这个“碟形潜水器”是由库斯托于1949年研制出来，灵感源于鹦鹉螺的潜水方式。同贝壳动物一样，“丹尼斯”能靠一套推进系统下沉到水下深处。鹦鹉螺的壳被分为几个“腔室”，动物的肉体只占据第一个腔室，空置的腔室被水和气体充满。在需要移动时，鹦鹉螺凭借一根像虹吸管一样工作的导管，将一些气体推进腔室，然后水被猛然地推出，这让它能增加速度和深度。

以同样的方式，“丹尼斯”潜水器也装备有一套导管系统，能吸水并将它以高压排出。“丹尼斯”是第一个完全以深海科学探究为目的而研发的潜水器——不过如果它的设计者们没有观察过水下世界，那它也就不会存在了。

动物策略

控制浮力

鹦鹉螺腔室之间的气体与水的流动系统不仅能让鹦鹉螺潜水或加速，它还是一种极其精密和复杂的控制水下浮力的方式，也就是说，这个系统让鹦鹉螺能在水下的一定深度保持平衡。考虑到鹦鹉螺移动时外壳在前（因此它看不见它要去的方向），这种能力就显得更难能可贵。另外，它白天停留在水下数百米处，每到晚上才会靠近水面，因为那里有更丰富的食物。

“鹦鹉螺”号

在所有被冠以“鹦鹉螺”名称的潜艇中，最知名的一个或许是儒勒·凡尔纳（Jules Verne）的《海底两万里》中的“鹦鹉螺”号。事实上，尼莫船长的潜艇与鹦鹉螺鲜有相似之处，哪怕只是外形上……

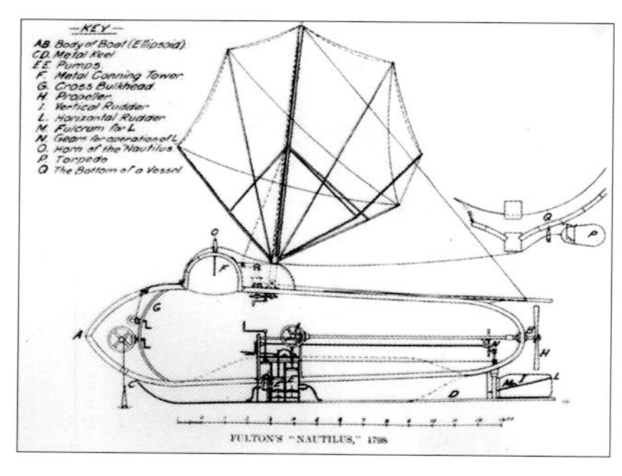

鹦鹉螺的螺线

鹦鹉螺的螺旋贝壳提供了一种被数学家们称为“等角螺线”或“等速螺线”的图案。它的特点是尺寸不断扩张而弧线外形不改变。因为鹦鹉螺在生长的过程中会形成新的腔室，等角螺线就对应了在材料上最为节约的腔室增长方式。

鹦鹉螺的贝壳，明天的陶瓷？

鹦鹉螺纤薄的贝壳如何承受水下500m深处的压力呢？正如大部分的贝类，鹦鹉螺利用水中的钙盐来生产它的贝壳。它的贝壳由两层构成：里层为珍珠质，外层的分子结构与陶瓷相近——不过抗压能力更强。许多研究者正在尝试复制这种“生物材料”，比起现在的陶瓷，它会更坚固——而且更美观……

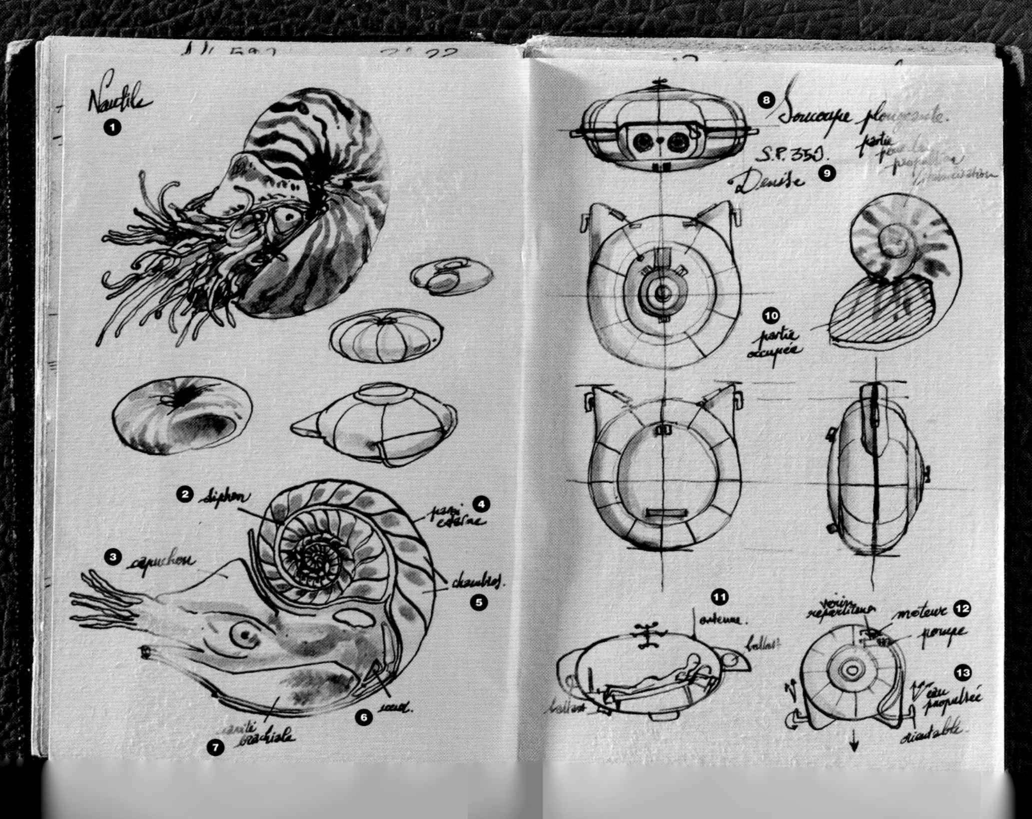

1 鹦鹉螺
2 虹吸管
3 帽
4 外壁
5 腔室
6 心脏
7 前腔室
8 碟形潜水器
9 S. P. 350
丹尼斯
10 利用的空间
11 天线
12 引擎
泵
13 推出的水

章鱼

Octopodidae（章鱼科），八腕目

●头足纲海洋生物，有4对对称生长的腕（或称触须），两只眼睛，一张长在触须基部中心的嘴，外形似鹦鹉嘴。●章鱼的触须上通常长有吸盘；某些种类的触须上有200多个吸盘。●章鱼没有骨骼：它们的身体是完全柔软的。●大约存在300种章鱼；体型最大的种类生活在海洋深处，身长能达到9m。

下一页图片 >>>>>>>>>>>>>>
Octopus sp.（一种章鱼）

从吸盘到人造手臂

同样的名字，同样的效果：吸盘——不管是动物身上的还是医学用途上的，都有公认的吸附能力。

谁发明了吸盘？有人将吸盘的历史追溯到了希波克拉底（Hippocrates）的时代。或许是这位医师发明了这些中空的容器，将它们固定在患者的身体上，以此吸出有害的体液……这种方法在医学史上辉煌了很久；不过今天我们所熟悉的医学用途之外的吸盘，是直到19世纪晚期才出现的。第一项专利在1882年于美国首次注册；它其实是一个“凹面的橡胶盘”，用于挂“信件、卡片、相片或者其他轻盈的物体”——我们今天用的这类设备都是它的变体。无论如何，几乎可以确定的是，这种设备的发明者是从章鱼或者枪乌贼的吸盘上得到的灵感，这两者的触须在希波克拉底的时代就已经是一道菜肴了……

不过，不论是希腊科学家的吸盘，还是我们今天使用的吸盘，吸附能力都比不上章鱼的吸盘。章鱼的吸盘边缘还有细微的齿，它们的作用就像微小的销钉，通过增大接触的面积而强化抓捕能力。因此，章鱼的吸盘能吸住比它小的物体。如今工程师们正在设法模仿细齿的系统，来创造用于电子科学的微型吸盘。

虽说章鱼仿生学开始于医学用途，但它的未来却是在机器人科学方面。章鱼与人类一样，也有一种对机器人而言必不可少的能力：抓住物体。不过，一条触须的动作比一只手的动作更容易被模仿——即便我们不应该就此低估后者的灵巧。因为章鱼大部分的神经元都分布在触须上，所以章鱼的神经系统与哺乳动物的神经系统完全不同，它能给每一个肢体更大的自主性。换句话说，大脑能给触须下命令，不过是触须负责具体的执行细节，包括每一块肌肉的动作。这种细分的运作方式被模仿用于生产“智慧”的人造手臂——不过它还达不到章鱼的触手的“智慧”。

章鱼与阴谋论

难以置信的柔软，但又十分有力，还懂得隐藏，以及触手的绝不放手的攻击——章鱼有这些吓人的又能提供想象的能耐，以至于相比尝试模仿章鱼的才能，我们更常联想到敌人的狡猾，尤其是想象的敌人。在许多故事中，当一个隐藏的敌人无法被发现且无处不在，并威胁到我们的文明时，这个敌人就会被比作一只章鱼。

一颗仿生学的眼珠

模仿章鱼眼珠的结构和神经分布来设计一种电子芯片——这是有可能的。这种芯片已经被纽约州立大学布法罗分校的一位光学工程专家泰特斯（Titus）教授成功研发出来。这位教授尝试创造出一种应用于自动机器人的视觉系统；他选择了模仿章鱼的视网膜，原因是它简单（当然是相对的）。装备了这项发明的机器人能够以一只章鱼的方式看世界，不是通过光线，而是通过外形和动作的方向来定位。

1 章鱼
吸盘剖面图
2 漏斗
3 细齿

乌贼

Sepia officinalis，乌贼科

●海洋软体动物，身体呈扁平的椭圆形，长25～40cm，身体两侧有飘动的鳍。●头顶有短腕，以及一对带吸盘的长触腕。●有一个内壳，为一块扁平、伸长的骨头，能起到漂浮器的作用；通过喷射水向后移动。●有一个特殊的器官——漏斗，用来喷射墨汁。

下一页图片 >>>>>>>>>>>>>>
Sepia officinalis（乌贼）

动物策略

等比例的复制品

乌贼是最聪明的动物之一？至少，某些研究乌贼的专家是这样认为的。在乌贼许许多多的出色技能当中，最让人意外的就是它面对不同敌人时能采取不同的防卫方式。比如，在某些情况下它的墨水能形成一团浓雾，让它在见不到、摸不着的情况下逃走。不过，在其他情况下，它会通过增加墨水的浓度来改变墨水的形状。这次，它喷出的不再是一团散开的墨水，而是真正的诱饵：大小和外形都与乌贼本身一样的一团墨水，而且这团墨水会向着相反的方向移动，从而将侵犯者引向相反的追捕方向……

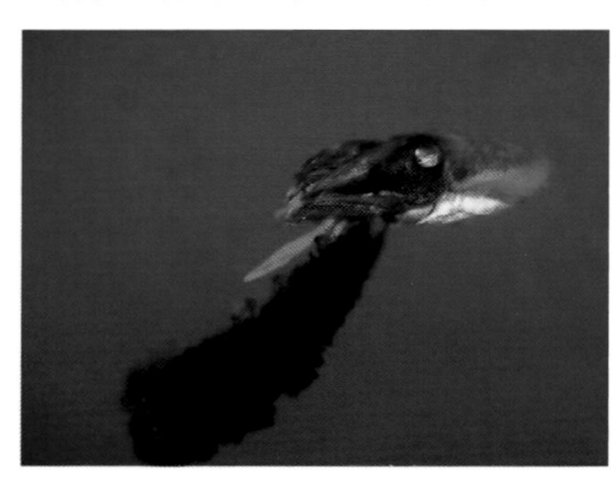

从墨汁到伪装艺术

什么动物能最快地变化颜色？是乌贼！对于发明墨水的人来说，这应该不算是太震惊的事实。然而，这两项才能互不相关。乌贼深褐色的墨水在古代被用于生产颜料，后来人们还用乌贼的名字——*sepia*，在意大利语中就是“乌贼”——来命名一种墨水，更准确地说，一种颜色。实际上，在手稿和古代画作中使用的乌贼墨通常都是用五倍子制成的……

随心所欲地变化色彩来伪装自己，乌贼实现了这个梦想。

因此，我们可以说，第一种“模仿”了乌贼的“发明”，是一种颜色……而如今这种软体动物受到科学家们的关注，依然是因为它的着色能力。不过，这里所说的是按需产生颜色，从而与环境融为一体的能力——换言之，伪装的能力。在几秒钟内，乌贼就能改变自身的颜色，从而消失在它所处的背景中。它还能改变自己的图案：变成单一颜色，或军人的迷彩服那样的色块。它的秘密在于——色素细胞，这些分布在皮下的“口袋”里装着色素。它们由一些肌肉控制，肌肉使这些“口袋”膨胀或收缩，以此让它们显得可见或不可见——根据乌贼想表现的色彩。因此，乌贼能在自己的身体上作画——几乎随心所欲。

马萨诸塞大学的研究者们模仿的正是乌贼的这种能力，目的是发明一种屏幕——就像带有色素细胞那样，它通过表面上的薄膜的厚度变化就能产生图像。这种变化通过电流激发，方式与乌贼相同：乌贼的神经元发出电流信号，促使它的肌肉膨胀或收缩。不过，这里所说的屏幕只需要很小的电压就可以运行了，十分节能。而且，根据它的设计者们的说法，“它的设计如此简单，一个大学生在化学课上就能将它组装起来”。

完美的伪装

除了色素细胞口袋，乌贼还拥有白色素细胞，它能反射近处的光线。换句话说，这是一种镜子伪装法：比如，当乌贼在一个以绿色为主的地方时，这些白色素细胞就会给乌贼一身绿色的外表。对于军人来说，这几乎是一个梦想……研究者们或许能从乌贼身上得到灵感，开发一种迷彩凝胶，使用这种凝胶的人可以真的与环境融为一体。这种发明目前还只是个军事机密……

1 浅色
2 深色
3 膨胀的色素细胞

蝠鲼

Myliobatidae（鲼科），燕魟目

●软骨鱼，体型巨大：双鳍展开后宽可超过7m，体重可达2t。●身体扁平，有两块巨大的鳍（或称翼），尾细长，脑袋扁平，有两块外形如角的头鳍。●背部为蓝色、褐色、灰色或黑色；腹部颜色浅。●蝠鲼生活在热带水域，通常在珊瑚礁附近。

下一页图片 >>>>>>>>>>>>>>
Raja clavata（背棘鳐）

动物策略

吸引食物

蝠鲼有时候被称为“海洋魔鬼”，是因为它头上的生长于嘴巴两侧的“双角”。这两个角由软组织构成：蝠鲼能将它们独立地卷起或展开。它们的功能是让蝠鲼能吸入更多的水——由此将更多的食物带到嘴边。蝠鲼主要以浮游生物为食，它以鲸鱼的方式滤水，并且就像鲸鱼那样在游泳时捕获食物。蝠鲼在移动时它的角会引起漩涡，这个漩涡能吸入食物并将它们带到蝠鲼嘴里。
这种环保的吸入方法或许对于捕鱼者是有用的，而且在污水处理方面也能起作用。

水下滑翔机

鳐鱼并不游泳——它们飞翔。它们宽大的鳍——我们也称之为“翼”——能展开且能在水中像鸟那样扑打。除了给观察者一场炫目的表演外，它还能解决一个工程学上的难题。水的压力比空气的压力更大，鳐鱼怎么实现这么轻松的移动呢？

“蝠鲼机器人”，检测水下电缆的完美工具。

这就是德国科学家莱夫·克尼斯（Leif Kniese）设法研究的，他的方式是观察最大的一种鳐鱼，双吻前口蝠鲼（*Manta birostris*，它的名字来自它壮观的身型，*manta* 在西班牙语中是“毯子”的意思！）。克尼斯发现，鳐鱼展开翅膀时，能将水压通过它的关节分散：承受动作压力的翅膀部分通过关节将压力分散到身体的其余部位。莱夫·克尼斯以“鳐鱼翅膀效应”为名为这项由他发现的原理注册了专利。

同鲨鱼一样，鳐鱼是一种软骨鱼，也就是说，它的骨架并不是由骨头（更精确地说，是鱼骨）组成的，而是由软骨组成，而且它也没有胸腔。不同于其他的“扁平”鱼类——比如鳎鱼，鳐鱼进化为上下扁平，而不是像大部分鱼那样两侧扁平，这使得它的鳍能伸展得非常宽，也让它的关节能以惊人的柔软性转动，而且能极其高效地引导水压。

在这个发现的基础上，莱夫·克尼斯和他的团队研发了一种模仿蝠鲼的仿生机器人。这架“海洋滑翔机”由一个电子遥控系统控制，用于水底探测；这种探测对环境只会产生极少的干扰，因为“蝠鲼机器人”是安静的，而且不会比一般的鱼类产生更多的紊流。因为它没有任何螺旋推进系统，所以这个小小的水下工具也是用于监测海底电缆和管道的理想工具，它不会造成破坏。

不过这还不是全部：鳐鱼翅膀效应能应用到许多地方。比如，它已经被用于设计一种挑战重力规则的家具，以及能在空气中飞翔的机械。

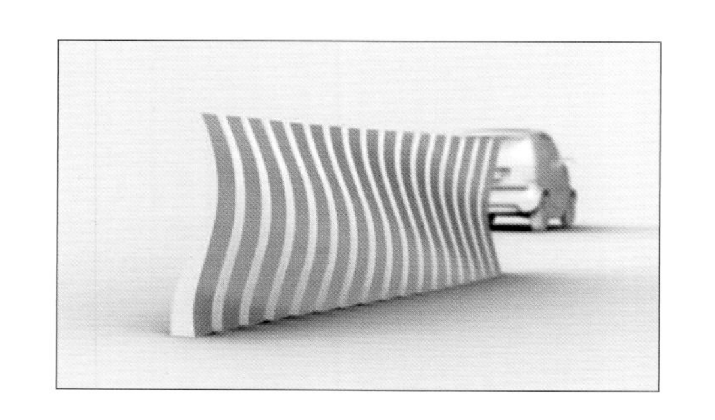

汽车发电

这里所说的并非是用汽车来为一部手机充电；这里的计划更庞大：建设一座由附近路过的汽车提供能量的发电站。该方法已经由卢卡斯·弗朗西斯科维奇（Lukas Franciszkiewicz）在“鳐鱼翅膀效应”的基础上发明。由互相连接的柔韧的薄片组成的隔板能收集汽车路过产生的气流，并且像鳐鱼扇动翅膀那样将这些能量增强。目前来说这只是一个计划，不过它的发明者确信它将来能被安置在高速公路或铁道沿线上——另外，它还有美观的优点。

1 鳐鱼
2 产生的动作
3 施加的力
4 柔软
5 坚硬

双髻鲨

Sphyrna lewini，双髻鲨科

●学名路氏双髻鲨，大型鱼类（体长可达 4.3m，体重可达 150kg），背部为褐色到灰色，腹部为黄色或白色。●扁平的头（外形为锤头状）；眼睛和鼻孔生长在两端。●第一片背鳍外形巨大，形状为三角形，十分显眼。●分布在热带和温带各海区。

下一页图片 >>>>>>>>>>>>>>
Sphyrna lewini（路氏双髻鲨）

抗菌皮肤

除了减少紊流，鲨鱼皮肤上的鳞片还有另一种功能：隔离微生物。它粗糙不平的、总处于运动中的表面阻止了细菌群落的形成。这些特质当然吸引了研究者们的兴趣，他们成功地模仿并生产出一种弹性膜。这种面料在更小的层面上模仿了鲨鱼皮的结构，而且它起作用了：在没有使用杀菌剂的情况下，这种具弹性的薄膜成功地阻止了微生物的出现。以此种方式设计出的“抗菌膜”开始在医学界大展身手；将来这种膜或许还能在公共场所派上用场，用于限制流行病的传播。

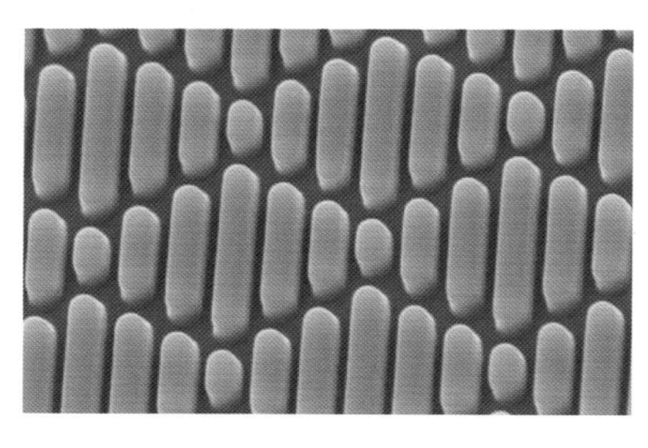

奥运皮肤

在 2000 年以前，谁能够想到鲨鱼的皮肤会对泳装有帮助呢？在北京奥运会上，大部分的参赛者都穿着模仿鲨鱼皮肤结构的泳装。这种泳装的效率如此惊人，以至于人们将它与兴奋剂相比：这种模仿了鲨鱼皮肤的泳装是不是给了参赛者——动物的能力？没错，动物的。不过这也没有那么神奇：这只是鲨鱼给工程师们上了一堂流体力学的课而已。

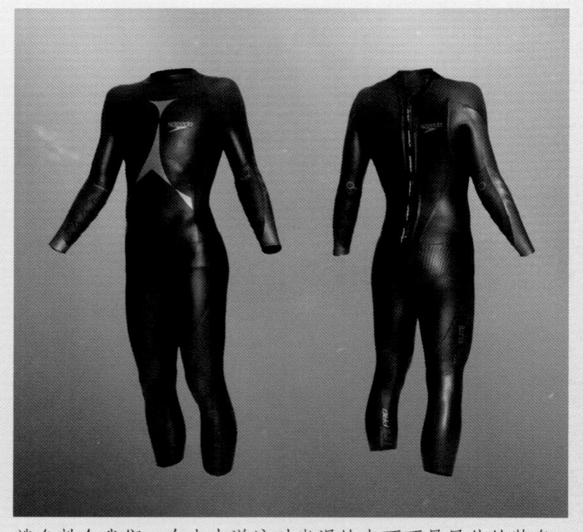

鲨鱼教会我们，在水中游泳时光滑的表面不是最佳的装备。

事实上，鲨鱼的皮并不是我们所想的“皮肤”：它覆盖着非常小的鳞片——我们称之为“盾鳞”，它的材质与动物的牙齿相同。这些鳞片交错排列所成的条纹可以减少水和皮肤之间的摩擦：换句话说，它能提高游泳者的速度，不管是鲨鱼还是人的……在生物学家们近距离地观察鲨鱼皮之前，人们认为表面光滑的身体比表面粗糙的身体在水下行进得更快。但是，盾鳞的条纹通过引导水流而减少了紊流。研究者们还发现，鲨鱼身体不同部位处的条纹是不同的：在身体前部，也就是鲨鱼“冲击”水的地方，这些条纹更浅、更疏。

这些特征都被设计者复制到有名的奥运装备上。

然而，这不过是鲨鱼课程中的一个应用例子，这个原理还被用于开发一种能减少船的燃油消耗的涂层。

应用于飞机的产品正处于研究中。另外，鲨鱼皮的特征或许还能应用于管道，以此减少水在管道中的摩擦。

动物策略

电磁接收器

同鳐鱼及其他鱼类一样，鲨鱼也拥有探测电流的感觉器官，它们被称为“洛仑兹（发现者的名字）壶腹”。它们其实是一些导管，末端为皮肤上的体孔，看起来像是皮肤上深色的斑块。每一个体孔里都有一种胶质凝固体，其中含有电子接收器细胞。多亏了它，鲨鱼能检测到皮肤表面的电压差异，也就是说能感受到环境中的电磁场变化。这当然有利于鲨鱼发现猎物或敌人，还能让鲨鱼依据洋流产生的电场寻找方向。洛仑兹壶腹的功能被模仿来设计一种保护潜水者不受鲨鱼伤害的排斥器。

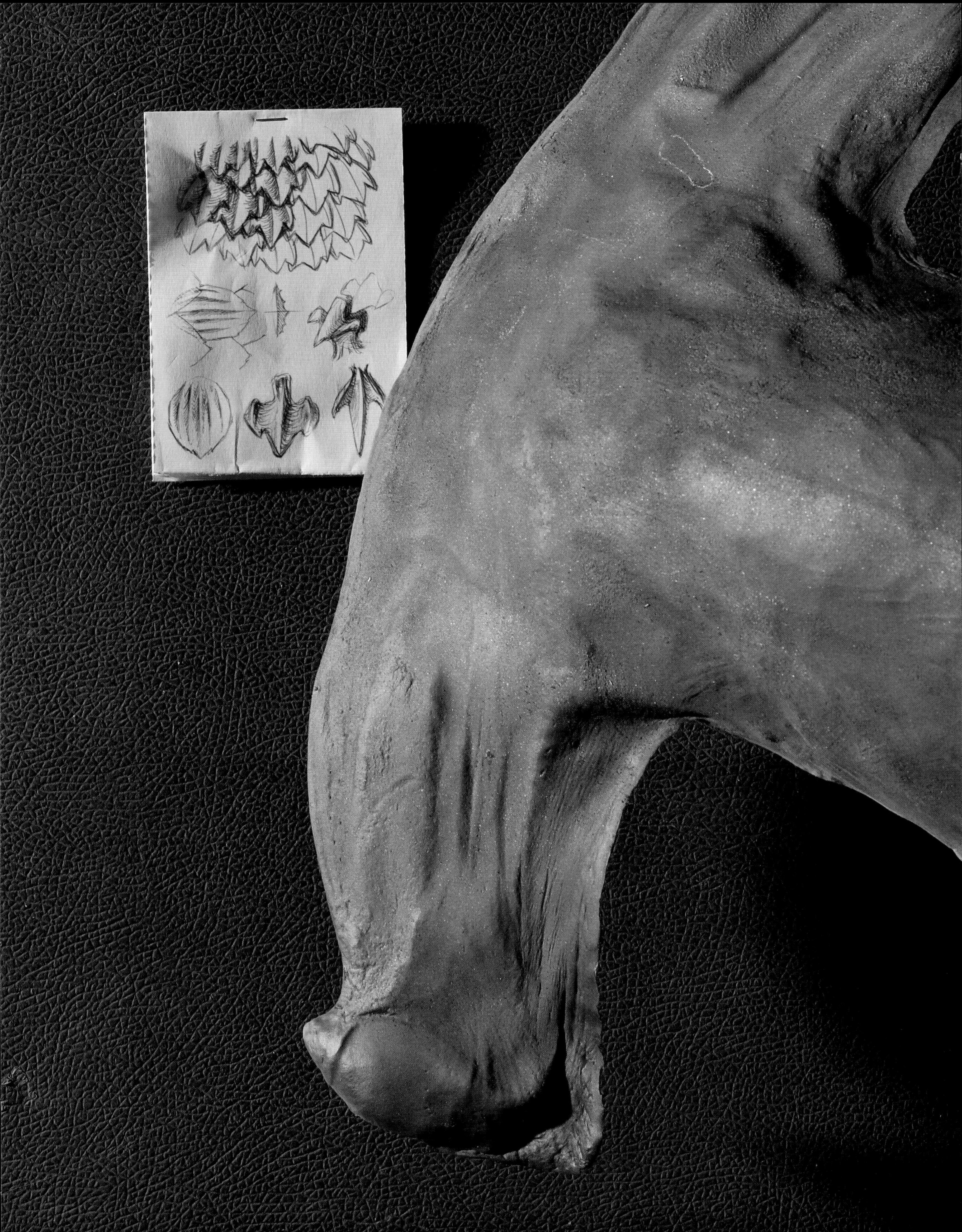

发电鱼

Electrophorus electricus（电鳗），裸背电鳗科

Torpedo（电鳐属），电鳐科

●电鳗：体型庞大的淡水鱼（平均长度为 2m），体长，呈圆柱形。●背部呈灰褐色，腹部为黄色或橙色。●电鳗有鳃，不过也需要到水面上吸取氧气；因此，电鳗有时候会在陆地上移动。●电鳗拥有 3 个产生电流的器官。

下一页图片 >>>>>>>>>>>>>>
Torpedo sp.（一种电鳐）

生物发电

电鳗就像从科幻小说中直接跳出来的一个噩梦：这种鱼让同样生活在亚马孙河流中的食人鱼显得微不足道，因为除了巨大的体型之外，它还拥有一个致命的武器——它能发出高达 500V 的电压。这足以吓跑任何对手，更何况这种动物甚至不需要与受害者直接接触，因为水能将电流导向受害者……

同样可怕的是，它在死后的几个小时内还会产生电流，这使得任何想要尝一尝电鳗肉的动物都会望而却步。电鳗没有鳗鱼的任何特点，而且与鳗鱼并不属同一种类——事实上，它是鲶鱼的近亲。它的 3 个发电器官均位于腹部，占据了身体长度的 4/5，能够按需放电。

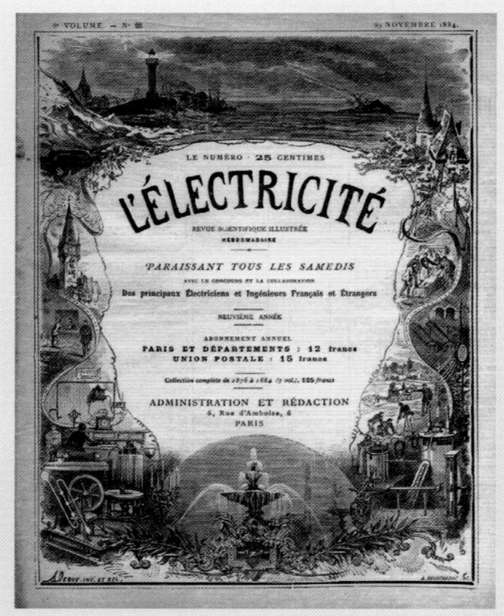

生物电是由生物产生的电流。

因此，电鳗对于研究者来说就是一座金矿。虽说它并不是唯一掌握生物电流的动物，但它显然是这方面的顶尖高手。以至于，一家日本的水族馆在 2007 年设立了一个装置，让一条电鳗为圣诞节彩灯提供电流……更严肃的话题其实是，许多实验室并不致力于研究如何使用由动物产生的生物电流，而是计划研发一个能以电鳗的方式产生电流的发电器。它是如何运作的呢？电鳗的发电器官是由发电细胞组成，这些处于身体两侧的盘状细胞里储存着正离子和负离子。在通常情况下，这些细胞是相互分离的——不会产生电流。不过，当动物的大脑给出信号时，就会传递像神经递质那样流动的蛋白质，电路就被打开了，离子就在发电细胞间移动，正是这种移动产生了电流。

某些研究者通过在人造细胞中创造电子的流动，已经可以生产出类似的电流。这种装置还处于实验阶段，不过已经是可行的方法了。生物发电器不再是科幻小说中才有的了。

想象中的鱼？

电鳗并不是唯一能产生电流的鱼。在古代，希腊人已经知道了电鳐，它的拉丁名为 *Torpedo*（鱼雷的名字也是它）。这种鳐鱼能产生电流来将猎物或敌人电僵，它们中体型最大的能释放高达 200V 的电压。古希腊人因为不懂得电流，所以认为这种鳐鱼具有魔力；在中世纪，人们甚至认为那是一种恶魔生物：一种能不接触身体就将渔夫电晕过去的鱼应该是具有恶魔的力量……即使今天人们已经不相信它们的"魔力"了，电鳐依然是一个重点研究对象，尤其是在神经系统科学方面：电鳐储存电流的方式与大脑突触间的传导方式相近。它甚至启发人们研发出了一种海底机器人（"RayBot"），这种机器人已经被美国军方投入使用。

避免产生波浪

电鳗的一种非洲近亲，裸臂鱼（*Gymnarchus niloticus*），或许能启发人们发明节能的水下运载工具。同"真正的"电鳗一样，裸臂鱼以波浪式游泳前进；而且它为此拥有一种完美的体形——也就是说产生的紊流最少，需要的能量也最少。这种节能特征或许得益于裸臂鱼的两侧对称而垂直不对称的结构，后面这种特点能帮助它在移动过程中保持重心的平衡。

1 Anguille electrique
2 coupe
3 électrocytes
4 Signal Chimique
5 ouverture de canaux sélectifs
6 échange d'ions
membrane cellulaire 7
circulation
impulsion
1 电鳗
2 剖面
3 发电细胞
4 化学信号
5 电路开启
6 离子交换
7 细胞膜

箱子鱼

Ostracion（箱鲀属），箱鲀科

●体型中等（长 45cm），躯干外形为立方体，骨骼坚固。●幼年的箱子鱼为光亮的黄色；成年后颜色渐淡，有些甚至是灰蓝色。●箱子鱼生活在太平洋和印度洋的珊瑚礁中。

下一页图片 >>>>>>>>>>>>>>
Ostracion sp.（一种箱子鱼）

涡旋与未来的车辆

涡旋可不仅仅属于科幻小说：这是一种真实的科学现象。涡旋是由一次移动所产生的能量，而人类的运载工具几乎都丢弃了这种能量。相反，某些鱼类能回收它们产生的能量，以此更省力地移动——这就是箱子鱼的情况：它的外形和它游泳的频率让它能在它游动所产生的涡旋中“无忧”前行。工程师和研究者们通过模仿箱子鱼的外形，也成功地复制了这样的能力，由此才有了仿生汽车的节能性。不过，尽管这项研究吸引了越来越多的研究者，但人类运载工具使用自身产生的涡旋的能力依然十分有限。如果说，未来的运输方式也像在这个领域中的动物那么高效，那燃油和污染问题就会成为过去时了。

节能汽车

节能、坚固、操控性好、容量大：梅赛德斯 - 奔驰的仿生概念车从箱子鱼身上学到了所有优点。

箱子鱼，空气动力学的榜样？这是最让人意外的了，因为我们通常认为这是一种笨手笨脚的海鱼，尤其是将它与金枪鱼和鲨鱼这些“高速车”相比时。更客观地说，箱子鱼的突出之处就在于它缓慢的动作和有限的速度。不过，梅赛德斯 - 奔驰的汽车工程师们选择的正是箱子鱼，他们要研发一款新型的汽车模型，要求操控性好、快速且节能。在从自然界中寻找一种能颠覆传统的模型的过程中，他们意外地发现箱子鱼的立方体外形蕴含了流体力学的宝贵经验。

尽管这显得怪异，但专家们发现，在珊瑚礁里，箱子鱼也要应对现代汽车面临的挑战，也就是需要：节能（它的移动方式非常节能）；坚固（为了抵抗可能的冲击，箱子鱼拥有坚硬的外骨架，以鳞片状环绕在身体上）；易操作（因为箱子鱼是在十分受限的空间中移动）。它的龙骨状的脊与“壳”所成的角度造就了它的稳定性，使它能够进行与它笨拙外形不相符的精确移动。

此外，箱子鱼的立方体外形很好地符合了汽车工业的需求：汽车要像它那样细长，以便有足够的空间来装载它的客人……以箱子鱼为设计模型的仿生汽车，借鉴了这种小热带鱼的特征：一是它的外壳，箱子鱼能够通过调整鳞片来平衡轻盈性和坚固性；二是它的比例，它的扁平“鼻子”和它的立方体外形能提供最佳的风阻系数。这成功了：与同等汽车相比，除了 100km 只消耗 4.3L 油（节约了 20%）的节油能力之外，它还拥有同等的空间和同样的安全性。其他大牌汽车制造商只好在一旁默不作声了。

动物策略

划桨式游动

箱子鱼生活在珊瑚礁中，主要食物为藻类，同时还有海绵、软体动物和甲壳类动物。它以幅度有限的动作在短距离内移动。不同于大部分鱼类，箱子鱼并非波浪式游动（也就是以整个身体游动），而是划桨式游动，箱子鱼及其近亲都是如此。为了前进，它用胸鳍作桨，尾鳍作舵，而身体保持僵硬。这种推进方式更节能，即便它达不到波浪式游动的速度顶峰。

Boxfish.

鳟鱼

Salmo trutta，鲑科

●中型鱼类，身体呈梭形，长度一般为26～60cm。●背部为灰褐色，腹部颜色浅，侧面有彩色斑点。●脑袋尖，口中有细牙。●大部分的鳟鱼是淡水鱼；不过某些种类会到海里繁殖。

下一页图片 >>>>>>>>>>>>>>
Salmo trutta（鳟鱼）

飞艇

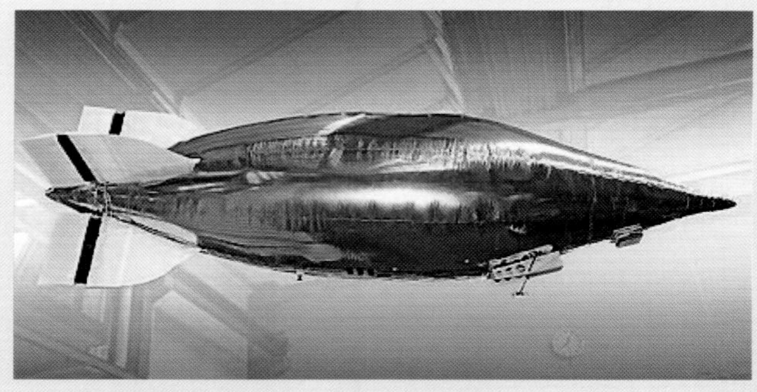

即将到来：鳟鱼外形的飞艇，依靠将电能转化为机械能而飞行。

今天，飞艇成了美妙的游乐工具，它或许能在不久的将来重获昔日的辉煌。正如20世纪的齐柏林飞艇，未来的飞艇也能重新成为一种特别的公共交通工具。这是许多研发机构正在开发的严肃课题。飞艇的轻盈使它比其他任何喷气式飞机和直升机都更节能（尤其在起飞时），因此，飞艇产生的污染也更少。如今天气预报的可靠性能让我们躲避以前危及齐柏林飞艇的风暴。除此之外，如今的科技也能确保燃气使用的安全，而燃气过于危险也是人们放弃齐柏林飞艇的原因之一。

在众多处于试验阶段的飞艇模型中，EMPA（瑞士材料实验所）的模型是建立在对鳟鱼的模仿的基础上的。这种鱼的外形曾在200年前启发了航空先驱乔治·凯利爵士的研究（见下文），但这项研究在后来被工程师们放弃了，他们转向了比鳟鱼更加庞大的鱼类，比如金枪鱼和鲨鱼。

同后两者一样，鳟鱼也是食肉鱼，它拥有适应快速游泳的完美的梭形身体。它也同样拥有令人惊讶的加速能力，不过它的身体更细长，身体比例更适中，肌肉组织更少。它是怎么做到高速游动的呢？答案是回收它自身动作的能量。鳟鱼的身体外形和它的肌肉位置让它能借助自身产生的水的波动，来帮助完成它的下一个动作。换言之，即便它的高速移动方式需要非常多的能量，当中也有一部分其实是不费力气的……

因此，EMPA的研究者们感兴趣的不只是鳟鱼的流线型体形，还有它的推进方式。他们研发的飞艇是由用电活性聚合物制成的表层供能，电活性聚合物是能将电能转化为机械能的材料。这层表面被安置在“飞鱼”的两侧和尾部，就是鳟鱼借以摆动身体的肌肉的位置。通过对鳟鱼的模仿，EMPA的研究者们能大大地提高所谓的“推进效率”——将能量转化为动作的效率。

如果这一切都如他们所料，那么不出几年，我们就能看到飞行的“鳟鱼”了。

动物策略

在水中滑行

美食家们都知道有名的“蓝鳟鱼”，但他们几乎都不知道，鱼的蓝色光彩实际上是它在躲避捕鱼者时分泌出的黏液。在受惊的情况下，鳟鱼会分泌出一种黏稠的黏液，覆盖自己的身体，这能提高它逃脱时的速度：这种黏液能减少身体与水的摩擦，鱼就几乎可以说是在水中滑行。至于蓝鳟鱼的情况则是，它的黏液并没有预想中的那么有效。在20世纪70年代，美国化学家们研发出了一种能与鳟鱼的黏液相比的物质，叫做Yoliocks。这种物质被纽约的消防员混进水中来提高喷管的流量。

鳟鱼和空气动力学的开端

乔治·凯利爵士，著名的航空先驱（见第38页），并不满足于通过观察鸟类和翅果来设计他的飞机模型。在19世纪初期，他还对鳟鱼的流线型外形产生了兴趣。为了获得鳟鱼的确切比例，这位狂热的大自然观察者找到了一些冰冻的样本，并且将它们切成了细片……通过这些做法，凯利设计出了完全符合空气动力学的飞机机身——但这些飞机从来没飞起来过……

1 自身能量再利用
2 动作
3 身体 / 尾巴
4 更少的力
5 双关节
6 能量→动作

金枪鱼

Thunnus（金枪鱼属），鲭科

●大型鱼类，长可达 4m，重可达 700kg。●流线型身体，尾鳍为半月形。●金枪鱼中最大的种类拥有能保温的循环系统，因此它们的肉为红色或浅红色。●金枪鱼是洄游鱼类，每年要跨越上千公里；游泳速度极快（可达 70km/h）。

下一页图片 >>>>>>>>>>>>>>
Thunnus thynnus（北方蓝鳍金枪鱼）

飞机的机身

20 世纪 60 年代，当人们正在寻找理想的飞机机身外形时，航空专家海因里希·赫特尔有了将模型与大型鱼类对比的想法。他很快就意外地发现，性能最佳的飞机的外形与金枪鱼相似。这种鱼的身躯提供了流线型外形的最佳模型，换言之，就是在水中（或空气中）滑行时产生尽可能少的紊流的能力。赫特尔发现，金枪鱼的秘密在于从头部之后开始，它的身体的大部分都非常粗壮：这种逐渐增大的体形能让水有规律地流动而不产生紊流。另一个秘密在于接下来的收窄：它不是逐渐的，而是突然的，这能创造出一个“分离的区域”——正是在那儿产生紊流（规模极小），而且那只是动物身体的一个很小的部位。

“智慧鱼”，带有逐渐增大的外形，能够节省燃油。

对金枪鱼的身体比例的研究使人们越来越“依靠自然”，并且将研究对象引向了大型鱼类和海豚，以解决飞行器遇到的技术难题。赫特尔曾想设计一种外形直接从鱼——尤其是金枪鱼那儿取得灵感的飞机。

赫特尔还没能将他的计划落实就去世了，不过他的想法得到了传播。在他发现金枪鱼的流线型外形的四十多年后，德国和瑞士的研究者们开发了一款仿生飞机：“智慧鱼（Smartfish）”，顾名思义，这架飞机是从鱼那儿获得的模型。它尤其模仿了金枪鱼的梭形膨胀外表，而这种外形的结果就是节油，尤其是与同容积的传统飞机相比时。它的设计者说，这种飞机需要更少的维护，更安全，更容易操作——而且，当然，产生的紊流也更少。他们还为它准备了一个小兄弟：“空间鱼（Spacefish）”，在离开海洋后，这条“金枪鱼”甚至准备好在大气层外遨游了。

动物策略

可嵌入的鳍

金枪鱼的胸鳍的角色是舵、平衡器以及减速器，不过它在金枪鱼的推进中不起任何作用——换言之，一旦金枪鱼开始全速前进，这个胸鳍就毫无用处了，它就会紧贴在金枪鱼的身体上——不仅仅是紧贴，而且是嵌入身体表面的凹陷处，确保不会给金枪鱼的流线型轮廓造成缺陷。这种机制正在被研究，用于研发速度更快的船和汽车。

用于储存能源的鳍

金枪鱼不仅拥有流线型的外形，而且还因为尾鳍而拥有了一套能量回收装置。凭借半月形的外形，尾鳍能够储存游泳动作所产生的能量——对于这种动物而言，这代表着加速和珍贵的热量。这种装置已经被研究用于水力发电机（水下发电机），同模仿巨藻的那种一样（见第 20 页）。不同的是，后者捕获海浪的能量，而受金枪鱼启发而发明的发电机则转化潮汐运动产生的能量。这种发电机被固定在海底，随着水下的水流运动，将能量传递到发电机中。

1 鲭科
2 更好的流线型外形
3 更宽大
4 紊流减少
5 受金枪鱼启发的外形
6 关于流线型的探索

壁虎

Gekkonidae（壁虎科），蜥蜴目

●蜥蜴家族中的小型动物（最小的身长 2cm，最大可达 30cm）。●身体健壮，头部凸起，长有粒鳞。●四肢比其他蜥蜴更长，有十分强壮的五趾。●大部分壁虎是夜间活动，也是树栖及食虫动物。●存在大约 850 种壁虎，所有热带地区均有分布。

下一页图片 >>>>>>>>>>>>>>
Gekko gecko（大壁虎），
Tarentola mauritanica（鳄鱼守宫）

动物策略

黑白色中的夜间狩猎

很容易辨别在夜间活动的壁虎，它们的瞳孔修长，呈竖立的缝隙状；而大部分白天活动的壁虎都有圆形的瞳孔。大壁虎（*Gekko gecko*）的竖形瞳孔只能分辨黑白。在黑暗中它能够通过探测猎物——昆虫、蜘蛛的动作来确定它们的位置。作为适应光线变化的模范，这种视力引起了科学家的兴趣：当大壁虎暴露在强烈光线下时，它的瞳孔会收缩到只剩一道几乎看不见的裂缝，这是为了保护它极其敏感的视网膜。不过，它的瞳孔中还有一连串的微孔能过滤光线，保证壁虎的视力依然良好。

想象仿生学

忘记蜘蛛侠！

在可能用到的壁虎技能中，研究者们想到了发明一种壁虎手套。它们能让穿戴者挑战重力，攀爬任何表面，甚至是垂直的表面，或者像蜘蛛侠那样黏附在摩天大楼的顶部。凯勒·奥特姆（Kellar Autumn），研究壁虎黏附能力的专家之一，说道："忘记蜘蛛侠，记住壁虎女侠吧。"

在天花板上行走

十多年来，壁虎一直是研究室里的偶像动物——尤其是在仿生学方面。这种能够挑战重力的小蜥蜴，已经成为观察自然就能学到技术的象征。

所有观察过壁虎的人都知道：它不仅能够在完全光滑的表面上垂直攀爬，而且能够在天花板上闲庭信步——颠倒着。也就是说，它能即刻地黏附在任何表面上，不管是干燥的还是潮湿的（许多种类的壁虎生活在热带雨林中）；而且它能以同样的方式和同样的速度摆脱黏附。

什么时候轮胎能有壁虎的脚那样的黏性？

壁虎的秘密在于固定在脚下的具紧贴能力的小垫子，某些种类的壁虎甚至在尾巴上也有这类小垫子。它们是由数十亿根的丝状体——刚毛紧密排列组成；每一根刚毛都在末端分裂成数百个微小的分支——正是这些分支将壁虎"贴"到物体上。不过这是如何实现的呢？凭的是一个叫"范德瓦尔斯力"的量子物理学原理：在纳米级别，原子或分子通过电磁震动紧贴在一起。壁虎的刚毛可以调整方向，让每个细小分支能有最多的接触点，以此获得所谓的"引力"。结果就是这些数量巨大的刚毛和分支产生的力：靠着每块垫子上数千亿的分支，壁虎能够仅靠一根脚趾就支撑起它的所有重量。而且，一位壁虎研究专家观察到，壁虎自然死亡后依然具有黏附能力——即便它已经死了！

发明一种人造刚毛来利用壁虎的方式是可能的吗？可能，只要不奢望做得像大自然那么完美就行。数个实验室已经成功地制造出模仿刚毛结构的表面合成物：它们是干燥的，可以黏附多次，并且能够黏附上任何材质——只是效果比不上壁虎的脚。

Stickybot，壁虎机器人

Stickybot（"黏附机器人"）最初的研发目的是帮助它的制作者探索和模仿壁虎的移动方式。它由加利福尼亚的斯坦福大学制造，它能让人明白壁虎如何移动爪子来随意地解除黏附。Stickybot 能以 4cm/s 的速度沿着一面玻璃攀爬。人造壁虎的才能引起了美国情报部门的兴趣：有什么间谍能比黏在玻璃上的小蜥蜴更好呢？

1 壁虎的爪
2 趾
3 刚毛
4 分支
5 薄层

魔蜥

Moloch horridus，飞蜥科

●体型中等的蜥蜴，雌性身长可达20cm，体重90g，雄性50g。●身材肥胖，可根据所处环境伪装成灰色、米色或橙色。●魔蜥的身体被覆刺状鳞，有两片较大的位于头顶两边，如同两个角，颈背上有一块隆起（脂肪凸起）。

下一页图片 >>>>>>>>>>>>>>
Moloch horridus（魔蜥）

伪装战术

在伪装的课题上，魔蜥是一个经典教案。它几乎只在最后关头才采取恫吓手段：大部分情况下，它都采取军人们所熟知的战术。第一个战术：隐藏在环境中。魔蜥的颜色就是它所处环境的颜色：灰色、棕色、赭石色、橙色……它身上还分布着与军事迷彩服一样的斑点。第二个战术：与另一位伪装大师变色龙一样，魔蜥断续地移动，在固定的时间间隔内静止下来。当它静止不动时，猎食者是不可能发现它的存在的。第三个战术：欺骗敌人。魔蜥的脑后有一块肉球，用来保存水分。如果蜥蜴受到威胁，它就会弯下脑袋，让这块肉球充当一个假的脑袋——真正的脑袋因此得到保护。

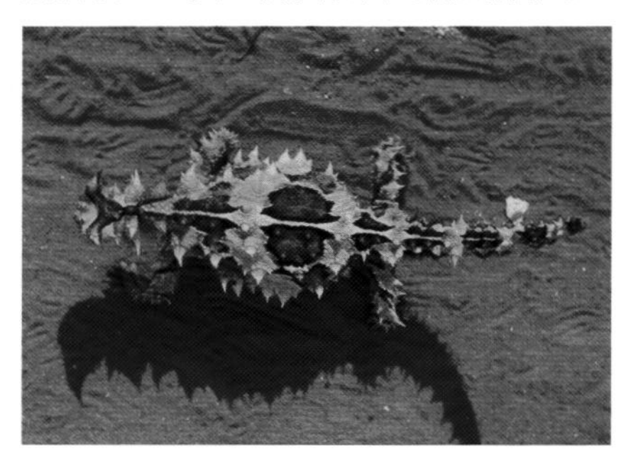

水之捕手

将露水凝结为可用的水……

沙漠中是没有水的——除非知道该上哪里找。有这项能力的就包括魔蜥，一种生活在澳大利亚沙漠中的蜥蜴。动物学家格雷因它的外貌而给了它一个长角的残暴的神的名字——Moloch（摩洛克，闪族文化中与火焰密切相关的神祇，被后世称为邪恶丑陋的魔鬼。——译注）。魔蜥从头到尾披着一身棘刺，看上去像个小恶魔。而正是这副长相和布满全身的鳞甲让它能够在没有水——或如此缺水的地方喝上水。

它是怎么做到的呢？科学家们说魔蜥是通过“毛细作用”喝水的。在魔蜥的皮肤表面，在鳞甲之间，有一套毛细管系统，它能够捕获水并且一直输送到魔蜥的嘴边。换言之，再细微的水珠与它的身体接触后都会自动成为可享用的水：魔蜥只需要张合它的下颌，液体就会流到它嘴巴两侧的深槽里。它的鳞甲起到了疏水表面的作用，就像莲花的叶子和纳米布沙漠甲虫的鞘翅那样（见第28页和第148页），它们的粗糙和倾斜度使它们能够聚集水珠并且将水分导向作为通道的毛细管中。因此，魔蜥能够收集它身上的露水，或者在清晨通过摩擦来收集植物上存留的露水。但这还不是全部：魔蜥还能通过它的爪子收集地面上的水。对它而言，只要站在湿润的沙子中就能解渴——它的毛细管网高效到足以挑战重力规则。而且这一切没有任何的能源消耗：毛细脉络的结构起到了泵的作用。

这只小小的澳大利亚蜥蜴能够教会人类的，不是别的，就是被动集水和分流系统（不需要任何能量），即便在沙漠气候中也同样有效。由此，魔蜥处于仿生学研究者们的聚光灯（以及显微镜）下。在它所启发的项目中，我们能列举出来的就有仿火栅栏系统、屋顶集水系统和依靠凝结湿气来调节空气的方法。害怕魔蜥该是个错误的想法……

动物策略

用来恐吓的刺

魔蜥的棘刺不仅仅用于解渴，而且还用来赶走它的猎食者——通过恐吓的手段。在遇到危险时，它甚至能够鼓起身体，使自己显得更庞大。不同于其他外形恐怖的动物，魔蜥并不会分泌毒液，而且它的身体内没有任何对猎食者而言有毒的物质。不过它还有最后的防护措施，如果它终于被逮住的话：魔蜥的尖鳞片会让猎食者无从下口。

Moloch horridus
0 sec
0,67 sec
1,35 sec

砂鱼蜥蜴

Scincus scincus，石龙子科

●中型蜥蜴（长度：20～25cm），尾巴厚且为圆锥形，脚长且强壮，生活在北非的沙丘中。●适应沙堆中的生活：口鼻部呈锥形，眼睛和鼻孔细小，耳朵受鳞片保护。●背部为米黄色，有褐色或黑色横向条纹；腹部为白色。

下一页图片 >>>>>>>>>>>>>
Scincus scincus（砂鱼蜥蜴）

沙中遨游

静电，砂鱼蜥蜴在沙里“游泳”的秘诀。

人们也将它称作“沙子鱼”：这种最初生长在北非的蜥蜴将沙丘当作自己的家。它潜进去将自己埋在里头，或者可以说，在里头游泳，深入沙下十几厘米的深度——就像一条鱼在水里。一些研究发现，砂鱼蜥蜴还有更厉害的地方：它在沙子中移动时受到的阻力比鱼在水中受到的阻力更小。这怎么可能？这是因为，砂鱼蜥蜴的整个身体都适应沙子中的生活。它的眼睛和鼻孔都是微小的，能够避免堵塞，更重要的是不会减缓它的行进速度；它的锥形的鼻子有着同鱼一样的流线型外形，而且它十分强壮的尾巴让它能进行波浪式游泳——像鳗鱼一样，整个身体摆动着向前推进。

但砂鱼蜥蜴真正的秘密武器，是它的鳞片，这种鳞片十多年来一直让研究者们痴迷。研究者们认为，砂鱼蜥蜴或许能成为未来的壁虎，也就是说，它将成为仿生学的一个经验库。砂鱼蜥蜴的鳞片极其耐磨，实验表明，它们甚至比钢铁的磨损速度还要慢得多！不过，不同于钢铁，砂鱼蜥蜴的鳞片并不坚硬。它们完全由几丁质——一种柔软的有机材料——组成。这就为研发一种“耐磨”或“超滑”的新型材料提供了实验方向——而且这种材料还是生物可降解的。

不过，这还不是全部：研究者们还发现，砂鱼蜥蜴的鳞片边缘布有极小的刺，这些刺属于微米级别，它们的作用就像避雷针。它们收集身体和沙子摩擦产生的静电，并让静电流动以便加速行进。这种动物和环境之间的电流互换对于未来的电力生产极富教育意义。有件事是确定的：沙子鱼在仿生学中将要担当一个大角色。

动物策略

逃避炎热

砂鱼蜥蜴潜入沙子里，并不仅仅是为了躲避它的猎食者，更是为了躲避炎热。它的活动都是在白天进行，不过它的身体需要保持低温：当沙面的气温过高时，它就潜入沙子里获取阴凉。

不过，砂鱼蜥蜴也是尤其怕冷的动物：当外面的温度降低到18℃时，它会回到沙子里避难——它就在那里冬眠，等待气温回升。

与沙子的流动频率相同

沙子有着液体与固体共有的特征：它是细粒物质。不过，这些物质的特性现在还不为人熟知——因此才有了研究者们对砂鱼蜥蜴的移动方式的兴趣。事实上，沙子鱼能调节自己的动作来适应沙子的流动：沙子鱼动作的振幅刚好对应沙子的流动频率。在X光下观察砂鱼蜥蜴的游泳，能让科学家们对沙子的流动性“建模”，也就能更好地理解细粒物质的特点——包括沙子、卵石甚至面粉的特点。未来的糕点或许会将它们的结构归功于沙子鱼。

1
4
5 Rayon X
6 (en surface).
7 (dans le sable)

鸽子

Columba（鸽属），鸠鸽科

●中型鸟类：翼展 63～70cm，体重 300～500g。●躯体肥壮，翅膀细长且尖，脑袋为圆形，嘴短。●家鸽（*Columba livia domestica*）因为食用价值和传信价值而被驯养，成为分布在人类居住地的共栖种类。

下一页图片 >>>>>>>>>>>>>>
Columba livia（原鸽，也称野鸽）

飞行的榜样

埃特里希的飞机，向鸽子学来的机身和机翼。

当伊格·埃特里希——航空先驱和最初的民航飞机发明者——尝试为飞机配上一个引擎时，他很快就放弃了。技术上的问题使埃特里希决定从零重新开始，并且设计出一款新的飞行机械。他从翅葫芦种子（见第42页）那儿学习了一些空气动力学的课程，他尤其记住了最重要的经验：模仿大自然。为了画出他的飞机的草图，埃特里希决定从一种鸟那儿寻找灵感。“在 1909 至 1910 年的那个冬天里，”他说道，“我以一种全凭经验和直觉的方式，以一种处于滑翔姿态的鸟为模型，在没有任何基础计算的情况下完成了设计。”

这种鸟，就是鸽子。埃特里希之所以会“凭着直觉”选择了鸽子，或许是因为，它粗壮的躯体使它拥有利于负重的完美比例；而且，除去鸽子的耐力不说，它的飞行速度也不俗。为了能画出他的滑翔机，埃特里希保留了从翅葫芦的种子那里学到的知识，即保持机翼前面的圆角；而其余部分，也就是它的机身和尾翼，则相对忠实地模仿了飞行中的鸽子。尤其是飞行器的三角形长尾，保证了它的稳定性。通过增加它的承重部位，它的设计者可以在当中装上不可或缺的引擎。

不过，*Taube*（德语中的“鸽子”）的第一次飞行是一次失败——而且，几乎又差点让埃特里希丧命：因为飞机的重心被安置得太靠后，所以这架飞机摇晃不止。经过新的计算之后，这个错误很快被纠正。这一次，*Taube* 毫无困难地起飞和着陆；通过逐年的改进，埃特里希的飞机拿下了一个又一个奖项。它成为在第一次世界大战前最可靠的飞机：这得益于它的稳定性——在它越来越长的航行路程中并没有一桩致命的事故发生。“*Taube*，”我们可以在一份 1911 年的奥地利日报上读到，“是无可估量的飞行器王国中的照明灯。”对于“简简单单”的一只鸽子来说，这是一次漂亮的胜利。

动物策略

找回路途

信鸽是怎么找到回巢的路的呢？在很长一段时间里，人们以为它是靠太阳定位，但这不足以解释为什么鸽子在深夜里同样能找到方向。现在我们知道，鸽子的定位能力在很大程度上得益于磁场！它的脑袋里有一个真正的电磁波接收器（这个结构包含了神经纤维和磁铁矿——一块天然的磁石），能让它知道自己所处的位置。正是这种秘密的雷达，使得它有了被驯养的价值，在许多个世纪里，它被用于传递人类的信息——在飞机还没有完善之前……

羽毛和自洁衣物

一家以色列公司开发了一种自洁布料，灵感来自于鸠鸽科鸟类的羽毛。斑鸠和鸽子（正如其他鸟类）的翅膀的表面不仅全然隔水，而且也是自洁的，这得益于羽毛表面细微的沟槽。这些沟槽能隔绝翅膀周围的空气，形成一层液体无法渗透的保护层。斑鸠羽毛的纳米结构被模仿用于生产一种高聚物表面，设计者称之为“超级防水料”。

Taube.

翠鸟

Alcedo atthis，翠鸟科

●中小型食鱼类水鸟。●身体结实，喙长且细，爪子短，皮毛颜色鲜艳。●在陡峭河岸的洞穴中筑巢。●存在约 90 种翠鸟。

下一页图片 >>>>>>>>>>>>>>
Alcedo atthis（翠鸟）

保护面罩

为了在潜水时保护眼睛，翠鸟有一种防护面罩——一块骨质板，与它的脑袋的前额骨相连，它能保护眼睛在精彩的入水瞬间不受到水的正面冲击。这一块防护骨头的结构引起了工程师们的兴趣：它或许能够启发尤其适用于航空领域的防护装置的发明。

动物策略

从一种原理到另一种

翠鸟不仅能以足够的精准度竖直入水捕食鱼儿，还能同样快速地冲出水面。它利用的是阿基米德浮体原理：包裹在羽毛中的空气将它完全地推出水面。然后它回到栖息处，对着树枝将它的猎物拍打至昏死，再顺着鱼头将整条鱼吞下。为了发现猎物，翠鸟在水面上的低矮树枝上栖息，不过它也会在水面上徘徊飞行，直到突然嘴朝下垂直入水。

日本高铁

多亏了适合的外形，新干线能像翠鸟入水那样自如地穿过隧道。

连接东京与博多的高铁线路的特点是它必须穿越众多隧道。这个地理条件的束缚对新干线的工程师提出了巨大难题：每次列车进入隧道时，压力的差异都会造成一次冲击和震耳欲聋的响声，这对乘客和沿线居民都造成了伤害。无计可施的情况下，中津英治，负责东京—博多新干线测试的工程师，将思绪转回他偏爱的世界：鸟类世界。“我问自己，”他说道，“是否存在一种生物，能在空气压力快速变化的情况下也控制自如？是的，有这样的动物：翠鸟。”

自小热爱鸟类的工程师中津英治在用计算机进行数据模拟后，找到了能让新干线列车顺利进入隧道的完美外形：毫无意外，是类似翠鸟的外形。

为了捕获猎物，翠鸟在水面上警惕地观察着猎物的行动，然后像一支箭那样俯冲入水中，将猎物咬在嘴里。不过翠鸟的嘴还不仅仅是用于捕鱼：它的外形能让翠鸟在不激起任何水花的情况下入水。

翠鸟修长的喙能减少环境转换（也就是从阻力小的空气中转换到阻力更大的水中）时的冲击——新干线列车也用这样的“喙”解决了进入隧道时造成巨大噪声和震动的难题，乘客们再也不用忍受它们带来的不适了。

除此之外，中津英治和他的团队模仿翠鸟而设计的列车外形让列车在行驶时更节能，而且更高速。“最重要的，”工程师总结道，“就是学会观察自然。”

看清颜色，定位水下

翠鸟不但总能在入水前发现它的猎物，而且还拥有绝佳的水下视力。同别的水鸟一样，它的视网膜有两个中央凹（“黄色斑点”，微距视力最精准的部位）；在水面上它只利用其中的一个，不过，当它扎入水中时，它会让第二个也派上用场。更何况，翠鸟的视网膜有许多能够提高色彩分辨力的脂滴，这让它能在水下进行更好的定位。待人们更加了解它的机理时，翠鸟的水下视力或许能为研发水下视觉更好的机器提供可参考的想法。

1 翠鸟（翠鸟科）
2 22.7m
5m 高
423m 长
3 压缩，冲击波
4 角频率
rad/s
$c=\frac{W}{R}$ m/s

5 狭窄隧道 ≈341m/s，在 15 ℃气温下
6 空气“凝滞”→更大抵抗
7 巨响
8 空气压缩 −30%
9 速度增加 + 安静穿越

野鸭

Anas platyrhynchos，鸭科

●学名绿头鸭，大型水鸟：身长50～60cm，翼展80～100cm，体重850～1,400g。●灰色修长体形，头顶和脖颈羽毛为绿色。雄性野鸭的身体和脖颈之间有一圈白色羽毛；雌性体羽偏棕色。●喙宽大，呈黄色；脚呈橙红色。●绿头鸭是一种游禽，它觅食时并不潜水，仅仅是摆动身体。

下一页图片 >>>>>>>>>>>>>>
Anas platyrhynchos（野鸭），驯养品种

沃康松的鸭子

在18世纪中期，由发明家雅克·德·沃康松（Jacques de Vaucanson）发明的最早的自动装置之一——"消化鸭"引起了轰动。同最初的音乐盒一样，沃康松的人造鸭子由一个金属针辊系统驱动，能够"吃、喝、消化和排泄，清理翅膀和羽毛，模仿一只真实鸭子的许多行为"。其实，它的发明者感兴趣的是复制鸭子的消化系统：沃康松尝试回答一个当时热议的话题，即消化是物理变化，还是化学变化。
贬低这一发明的人认为这个自动装置并不能"真实"地消化，如果说它会排出不同于所食物质的东西，那就是一场欺骗。对此，答案始终是一个谜，因为"消化鸭"在19世纪的一次火灾中被烧毁。无论如何，它是一系列用于科学研究的人造动物中的第一只。

如何在飞行中保持平衡？

1906年，巴西人阿尔贝托·桑托斯-杜蒙（Alberto Santos-Dumont）凭借他的"14 bis"飞机，在巴黎取得了一场胜利，因为他成功飞越了纪录性的220m。桑托斯-杜蒙是世界上首位成功地将一个"重于空气的物品"以自主方式送上天空的人。"14 bis"与同时代的飞行器的不同之处在于它的形状：与将机身置于机翼后面相反，"14 bis"的机身在前部，机身前端增加了一个承重部分（此处的机翼显然比主机翼短），该部分呈方形，会让人想到一只飞行中的鸟的头部。桑托斯-杜蒙的"14 bis"飞机因此被记者们起了一个玩笑的别称，而这个别称也被载入了飞行史史册："野鸭"。

桑托斯-杜蒙的"14 bis"飞机，多亏"鸭式布局"的"大头"，它才可以成功飞行。

事实上，这种此后被称作"鸭式布局"的设计并非由桑托斯-杜蒙发明，而是由另外的飞行先驱——莱特兄弟发明。正是他们最早产生了将飞机"尾巴"安装在前头的想法，为的是将飞机重心后移，以便于起飞；同时，鸭式布局还能使机械更易于操控。

然而，莱特兄弟和桑托斯-杜蒙并没有通过观察鸟类飞行而发明鸭式布局，而是通过反复试验来寻找解决技术难题的方法。野鸭利用它的脖子和扁平的喙在飞行中调整方向，这种方式等同于尾羽长的鸟用它们的尾部来控制方向——这也正是大部分水平尾翼位于机翼之前的飞机的操控方式。与人们的印象相反，野鸭的体型虽然庞大，但事实上，它是飞行的天才：它不仅能够达到80km/h的飞行速度，而且在飞行中十分敏捷；它的翅膀不仅适合高速的飞行，而且能够让它垂直起飞。

虽然自莱特兄弟和桑托斯-杜蒙的飞行器发明以来，大部分的飞机都选择了尾翼在后的正常式布局，但鸭式布局从来没有被遗弃。今天，这样的设计主要运用于歼击机，因为它能够提高精准度。这就足够反驳那些认为野鸭不够敏捷的人了。

鸭绒

我们使用鸭绒来生产羽绒服和羽绒被，但是人工生产像鸭绒一样保温的绒毛是否可能呢？这正是英国巴斯大学的仿生和自然技术中心尝试达到的目标。用于制作羽绒的羽毛十分轻盈，而且，有别于其他羽毛的是，它没有互相纠缠的羽支，因此在受压过后能恢复原样。

1 飞行方向

啄木鸟

Picidae（啄木鸟科），䴕形目

●中到大型（最小的种类身长10cm，重7g；最大的种类身长50cm，重450g）林栖鸟类。●嘴长，尖锐且有力；渐尖的舌头，十分长，末端生有短钩，能伸出来捕捉昆虫。●尾巴短且强壮。●啄木鸟的脚有4个趾，2个朝前，2个朝后，带有长且坚硬的爪子。

下一页图片 >>>>>>>>>>>>>
Picus sp.（一种绿啄木鸟）

从冰镐到风镐

坚固、轻盈、有力、简便：冰镐借助一种鸟类的外形而得到了这一切。

大部分的登山者或许还不知道，如今的手柄弯曲的冰镐的设计灵感来自一种鸟：啄木鸟。从温带的森林到冰天雪地，这种攀禽类的鸟如何帮助登山者呢？正是意大利设计师，佛朗哥·洛达托，最早产生了向它求助的想法。在接受了一家登山器材品牌的请求后，洛达托必须设计出一种尽可能轻盈的冰镐，同时要确保它足够坚固，能够刺穿冰层，而且足够顺手，以便使用者在任何姿势下都能使用它。“我问自己的第一件事，”佛朗哥·洛达托解释说，“就是：到哪里能找到大自然中最好的锤子模型？”

啄木鸟刺穿树皮，是为了找到食物——昆虫幼虫；它冲击的频率是每秒25次……啄木鸟牢牢地将自身固定在树干上，相对于它本身拥有的力气而言，它撞击木头的力量十分巨大。因此，一只体重小于0.5kg的鸟，它的嘴每次产生的压强却达到35kg/mm^2（即3.5×10^8Pa——译注）。洛达托发现，这是有可能的，因为啄木鸟不是仅仅用它的嘴来敲击，而是用它的整个身体：从它短小而强壮的尾巴（它利用尾巴作为在树干上的支点，也利用尾巴来引导动作），一直到它的脖颈（脖颈的骨骼能吸收冲击）。

因此，佛朗哥·洛达托正是通过模仿这种动力学——准确地说，啄木鸟的生物动力学——来设计他的冰镐。冰镐的镐柄以啄木鸟固定在树干上的形态作为模型，冰镐因此获得了坚固的优点——也因此更加轻盈。同样地，镐尖与镐柄的角度也进行了调整，遵照了鸟嘴的倾斜程度。

这成功了：不仅佛朗哥·洛达托设计的冰镐被登山运动员所使用，而且啄木鸟的生物动力学原理现在也正被研究用于别的项目。啄木鸟啄木的方式还能帮助开发一种新型风镐，更加静音而且对它的使用者而言危险性更小。

动物策略

吸收震动

啄木鸟啄木时的撞击对任何一种同等体型的动物都足以造成头部创伤，但它是怎么承受住而不受伤的呢？这得益于它的头骨形状和这些骨头的连接方式；也多亏了肌肉收缩吸收了这些冲击；另外还得益于它相对较小的大脑尺寸，而且大脑在颅骨中的朝向和位置也同样重要：与其他鸟类相比，它的大脑与头骨之间的空隙更大，因此能减少冲击带来的影响。

避免头部创伤和地震

除了快速和强烈的敲击能力，工程师们模仿啄木鸟的还有吸收冲击的能力。这些原理能够用于设计机器或工具，比如风镐；或者用于建筑中，以便在地震时保护建筑物。啄木鸟的颅脑同样被脑外科的专家们研究：借此能开发出更好的保护设备（头盔、气垫等），也能更好地了解和治愈受到撞击的脑袋。

1 啄木鸟
2 坚固
→减轻负荷

猫头鹰

Strigiformes（鸮形目），鸟纲

●夜行猛禽，共有约 200 种。●头部宽大，喙坚硬而钩曲，脚爪强健有力。听力极佳，善于静音飞行。●主要捕食小型哺乳动物、昆虫和其他鸟类，有些种类也捕食鱼类。●分布于除南极洲以外的几乎所有大陆和岛屿上。

下一页图片 >>>>>>>>>>>>>
Asio otus（长耳鸮）

动物策略

在黑暗中捕猎

猫头鹰以小型哺乳动物为食，如啮齿目或兔形目动物。为了能发现猎物，猫头鹰会保持警惕，在树枝上静止不动，它的花斑羽毛使它不易被发现。即便它的夜视能力超群，但使它成为优秀猎手的其实是它的听力：它甚至能听到猎物在雪地下面的动静……

安静飞行

为了能在黑暗中捕猎，猫头鹰必须拥有无声飞行的能力。这样的能力或许应归功于翅膀前部边缘的齿状羽毛，它们通过吸入并分流空气而减少摩擦。而翅膀后部的边缘是厚实的羽毛，能产生同样的效果，它们形成了某种能减少气压变化从而减少涡流的穗。猫头鹰翅膀的特点被模仿用于新干线——日本的高速列车的建设，以便减少噪声。它同样也能作为航空界的榜样，多亏了猫头鹰，将来的飞机也会更加安静……

用耳朵看

有一种猫头鹰很容易辨别，尤其是因为在它头顶有两簇冠羽——英国人甚至因此叫它“长耳猫头鹰（long-eared owl，即长耳鸮）”。但这些冠羽不过是两束羽毛；猫头鹰的耳朵位于更低处，在它的脑袋边上，就在脸盘后面一点。而且，两只耳朵是不对称的：如果我们能够像看到长耳猫头鹰的冠羽那样明显地看到它的耳朵，我们就会发现它们并不在一个高度上。正是这种不对称，与别的原因一起，成就了猫头鹰超群的听力。而且也正是这样的不对称启发了“听觉监视器”的发明，这种听觉监视器在十多年前由柏林一家公司研发。

引擎有怪声？听觉监视器或许可以帮上忙……

这是怎么回事？猫头鹰不仅对声波极其敏感，能通过最轻微的声音发现猎物，而且能立即定位它们。正是它的两只耳朵接收声音的时间间隔告诉它该将脑袋转向何方。即便 0.0002s 的间隔都足够让猫头鹰找到猎物的方向。

听觉监视器的设计者们模仿了这种定位系统，他们将耳麦按球形分布。由这些耳麦接收到的声音会经过计算机处理，以此绘制出它们的来源——或者说，绘出监视器周围的声像。

与猫头鹰一样，听觉监视器利用声音进行定位：司机听到的恼人的噪声是从哪里来的？机器的哪个部分是最吵的？机舱是否有漏气？

精准地听，也就是说知道声音的准确来源，能够减少噪声的危害，还可以帮助检查机器的运行、确定故障的位置……不过，人类或许永远都达不到猫头鹰扑向一只田鼠时的迅捷和高效。

羽毛带走声音

猫头鹰，就像许多其他的夜行猛禽，它的超群的听力还得归功于它脸盘上的羽毛。这一个圆形的脸庞能让猫头鹰拥有一个更宽广的视野；而且，这些沿脸盘边缘生长的羽毛还有引导声音的作用。这些羽毛的圆周形布局和修长外形能够分流噪声。这个系统或许能在微观层面上被模仿，用于提高助听器的功效。

1 猫头鹰
2 不一致
3 耳朵离得越远，∑ 就越大
4 时间 Δt
时间 $\Delta t+\sum$
5 时间 ∑ → 方向
强度 → 距离
6 叫声或响声
7 面盘（加强并引导声波）
8 耳洞

鹳

Ciconia（鹳属），鹳科

●涉禽类，长喙，身型高大：接近 1m 的高度和 1.8m 的翼展。●大部分种类的身体和翅膀是部分黑色，腹部白色；幼年时期颜色更深一些。●鹳是迁徙性和群栖性动物；某些种类，比如白鹳，通常在人类房屋上筑巢。●飞行中脖颈伸直且不可缩回，这与鹭不同。

下一页图片 >>>>>>>>>>>>>
Ciconia ciconia（白鹳）

黑鹳的抗反射眼睛

黑鹳（*Ciconia nigra*）是无与伦比的捕鱼高手。它能够踩着高跷，顺着水流侦察它的猎物，然后毫厘不差地用嘴叼起猎物。这样的精准离不开一项秘密武器：一种抗反射的视力。黑鹳的眼睛与喙的相对位置，使其能够补偿水面的光的反射——这一切都是角度和光线的问题。这种方式吸引了人们的兴趣，其中包括了汽车生产商：鹳或许能够教会他们如何避免后视镜中的反射光。

动物策略

为了迁徙的滑翔

鹳每年会顺着暖气流飞翔数千公里的距离。因此，白鹳通常到非洲过冬，穿过直布罗陀海峡或者伊斯坦布尔海峡，越过地中海，因为海上的暖气流通常比陆地上的强。

奥托·李林塔尔的飞行老师

奥托·李林塔尔的第一个“鹳形”机械。

“正是对大自然的观察不断强化着这个想法：飞行的艺术不能也不应该永远拒绝人类。”——这就是奥托·李林塔尔的信条，而他就是飞行史上的先驱之一。自童年时代起，这一位未来的工程师就每天花好几个小时来观察每年夏天到波美拉尼亚的村子筑巢的鹳。也正是在那时，他实现了最初的飞行试验——在晚上，和他的弟弟一起。在 19 世纪 60 年代，两位年轻的李林塔尔并不是唯一沉迷于建造“飞行机器”的人，当时整个欧洲都在关注着“飞行机器”。不过那些机器中还没有一个能成功起飞。

在结束工程学的学业后，奥托投身到冒险当中。对他来说，首要的并不是像他的同时代人那样，致力于让一个带引擎的机械起飞，而是掌握飞行的原理，因此，他一如既往地观察着鸟类。奥托·李林塔尔还在 1889 年写成《鸟类飞行——航空的基础》（*Der Vogelflug als Grundlage der Fliegekunst*）一书，这本书将在飞行史上扮演一个关键角色。

从鹳身上，李林塔尔学到：最重要的不是懂得飞行，而是懂得滑翔。首先，这位工程师观察到，鹳在飞翔过程中并不拍打翅膀——至少在大部分的时间里，它让自己在气流上面滑行。李林塔尔因此总结到，只要能够像鸟一样精准地操控翅膀的角度，那就应该能在飞行中控制方向。通过将一块棉布固定在一个由竹子和藤条制成的骨架上，李林塔尔发明了最早的悬挂式滑翔机，而且它成功了：奥托·李林塔尔是第一个在飞行中被拍摄下来的人，也是第一个飞得比起飞高度更高的人。

从鹳身上，李林塔尔还学到：翅膀的曲率。李林塔尔的飞行器的翅膀是弯成弓形的，这能够提高它们的承重能力和可操作性。他还设计了一系列不同型号的飞行器——比同时代所有人的飞行器都更高效。1896 年 8 月 9 日，在测试一种新型飞行器时，李林塔尔因致命的坠落而离世——在此之前他经过了 2,000 多次飞行。他的最后一句话是：“总得有人为此牺牲。”

1 鹳的翅膀
2 升空
3 飘降

安第斯神鹫

Vultur gryphus，美洲鹫科

●食腐鸟类，生活在安第斯山脉。●平均体长：105cm；体重：11～13kg；翼展：可达3.5m。●体羽黑色，颈基部有一圈白色羽毛。●安第斯神鹫的头和颈都是深红色，没有羽毛。

下一页图片 >>>>>>>>>>>>>

Vultur gryphus（安第斯神鹫），幼年

安第斯神鹫的秘密

作为印加人的神鸟，安第斯神鹫被视为与太阳有关，并且在神话传说中是一位重要的角色。西班牙人入侵时被遗弃的印加城市马丘比丘，就是按照一个双翼展开的安第斯神鹫的外形建造的。

人力飞行

几十年来，飞行对人类来说不再是问题——这是毫无疑问的，不过，人类还是没有找到靠自身的肌肉力量推进的飞行方式。在20世纪70年代，美国工程师保罗·麦卡克莱迪对这个问题展开了研究。麦卡克莱迪不仅是一位熟练的悬挂式滑翔机飞行员，还是一位气象专家。他熟知气流和利用气流的鸟类。正是这样，他以安第斯神鹫为榜样解决了他的难题：如何利用尽量少的能量让尽量重的物体飞起来？

Gossamer Condor，翅膀单薄的巨型滑翔机。

正如大部分体型庞大的鸟类，安第斯神鹫并不——或者说很少——真正地飞行：它们能够抬升到将近6,000m的高度，靠的全是滑翔。这种秃鹫比别的猛禽更依赖上升的暖气流，因此，不可能让它们在早晨的清爽气流中起飞——甚至在它们饱餐过后也不可能。它们的承重能力更依赖于它们的翼展，而非它们的肌肉群。

保罗·麦卡克莱迪的人力飞机 *Gossamer Condor* 也因为自身的翼展而显得与众不同：其翼展接近30m（精确地说，29.25m），机身长度为9.14m。关于机翼，麦卡克莱迪利用了当时能找到的最轻的材料，一种超薄的塑料和铝的合成物。在太阳光下，麦卡克莱迪的飞机的机翼同蜘蛛网（英语为gossamer）一样薄，也会发出彩虹般的光彩。不过，确保飞行安全的，始终是平展的双翼，而不是坚固的材料。

Gossamer Condor 是通过脚踏板启动的——另外，正是经验丰富的自行车运动员布莱恩·艾伦（Bryan Allen），在1977年驾驶着 *Gossamer Condor* 进行了第一次试飞。结果大获成功：他不仅成功飞越了规定的距离，而且还是以自主的方式起飞，这是人力飞机的第一次成功。几年过后，麦卡克莱迪再次震撼了他的同时代人，因为他制造出了一架同类型的、成功飞过英吉利海峡的飞机——“蝉翼信天翁（*Gossamer Albatross*）”，而它的灵感来源于唯一比安第斯神鹫翼展更宽的鸟。

翼尖小翼

翼尖小翼，是指位于飞机机翼翼梢的小翼片，它们的作用是减弱湍流。直到20世纪70年代，这项从滑翔飞行的鸟类——尤其是秃鹫——身上学来的技术才被投入应用。这些鸟类在飞行时，翅膀末端的羽毛像人的手掌那样撑开。这些飞羽（支持飞行的长条羽毛，与绒毛极为不同）扮演了一个很重要的角色：它们能够将经过翅膀的旋风分成许多细小气流，因此减少能量的消耗。不过这还不是全部：撑开的飞羽还能产生一种“翼尾反应器”的效果，回收一部分动力。

我们知道，这种方法自发现以来就被用在飞行器上，它既能够提高战斗机的飞行速度，也能减少大型运输机的能耗。

1 成年秃鹫
2 风
Adult Condor
Wind

企鹅

Aptenodytes（王企鹅属），企鹅科

●大型海鸟类动物（帝企鹅能长到 120cm 高，王企鹅可长到 90cm 高），翅膀扁平呈鳍状，不适于飞行。●背部和头部为黑色，腹部白色，耳朵处为鲜艳的黄色。●嘴弯曲，部分覆毛，上部为黑色；足为黑色掌状。●南极洲的地方性物种。

下一页图片 >>>>>>>>>>>>>>
Aptenodytes patagonicus（王企鹅）

节约能源

受企鹅的“生物动力学”启发，人们开发了许多模型。

20 世纪 70 年代，当生物学家为企鹅安装电子芯片来研究它们的水下活动时，他们惊讶地发现企鹅能潜入到好几百米的深度。企鹅不仅在大块浮冰下捕鱼，而且它们能到达海底附近，那儿的水压是水面上的 40 倍。这是鸟类世界的一项纪录，而且企鹅的适应能力使其拥有了一项出色能力，一项让船舶、飞机甚至汽车制造者梦寐以求的能力：节省能源的秘密。

当它潜到冰冷的水下 500m 时，唯一的生存方法就是尽可能少地消耗热量——以便保持体温、降低心率，从而减少氧气的消耗。企鹅的新陈代谢让它能在潜水时减缓器官的活动；而且它的流线型体形让它能用尽量少的力气行进尽量远的距离。有人做过测算，如果企鹅是一辆车，它能够只用 1L 汽油就行驶 1,500km——这是一项即便在自然界也难以打破的纪录。

因此，企鹅的生物动力学——它的流线型体形和它协调动作的方式——被仔细地研究……对于专注于仿生学的德国研究者鲁道夫·班纳施（Rudolf Bannasch）而言，企鹅是他最喜爱的动物——也是他“最好的老师”，他曾在南极用了数月的时间观察企鹅。班纳施指导开发了一些仿照企鹅空气动力学原则的潜艇和轮船模型，甚至还有飞机模型。与同等大小的模型相比，这些运载工具减少了 35% 的空气阻力或水的阻力。

不过这还不是全部：许多模仿企鹅的运载工具还处于开发阶段，包括自行车和一种两栖迷你汽车。换言之，极地的这种鸟或许是完美的运载工具，不论是在水中，还是在空中——当我们知道它不能飞行时，这是不是很有戏剧性呢？

仿生企鹅

仿生企鹅是存在的，而且，它们能够飞行！这些机器人由一家德国企业研发，用于协助观察动物行为，而且也在需要时帮一把手——或者帮一把嘴，视情况而定：它们的嘴部安装了一只可伸缩和抓握的手。还有些仿生企鹅装有受海豚启发发明的声呐，它们能在一个水池里互不干扰地游动。还有其他型号的仿生企鹅，它们填充着氦气，能优雅地拍打翅膀——平展的鳍重新换成了翅膀……

动物策略

抗寒

企鹅靠包裹身体的一层脂肪抵抗极地的寒冷，不过它的抗寒能力还尤其得益于它的羽毛。它的羽毛极其厚实，比别的任何鸟类都更厚，每平方厘米有 15 片羽毛！另外，企鹅还有一个诀窍：它的肌肉能够控制它的羽毛，在它出水时，肌肉可以将羽毛分隔开，保留一层空气隔热层。某些研究团队尝试模仿企鹅的羽毛来研发既具密封性又有抗寒能力的材料。首先，这或许能启发我们发明新的船体涂层，其次或许是保暖衣物，另外还有建筑物以及管道的隔层技术。

1 推力
2 漩涡圈
3 非常灵活的部位
4（应为企鹅腿骨上各骨头的名称——译者注）

海豚

Delphinidae（海豚科），鲸目

●小到中型鲸目动物：身长1.5～10m，体重50～7,000kg。●纺锤形身体，带有一对鳍状肢。●主要以鱼类和软体动物为食，有些种类也吃海洋哺乳动物以及鸟类。●利用声波交流和定位。

下一页图片 >>>>>>>>>>>>>>
Delphinus delphis（普通海豚）

动物策略

超声波麻醉

海豚所发出的声音不仅能定位猎物，还能使猎物昏迷——但这种假设并没有获得研究者的一致认可：观察在自然生态环境中捕食的海豚是十分困难的……不过这种控制声音频率的潜在能力和它们的利用方式还是让医学研究者产生了兴趣：开发一种超声波麻醉系统因此变得可能。

像海豚那样游泳

海豚是绝佳的泳者，游泳速度比人类快十倍。这种优越能力的基础并非它的肌肉群，而是它的尾鳍——那里几乎没有肌肉。20世纪60年代时从鲸类身上获取灵感而设计出的单脚蹼，能使游泳者利用海豚的策略：肌肉动作产生的能量通过脚蹼回收并增强，由此产生巨大的加速度。Lunocet，一种专门模仿海豚而设计出的单脚蹼，能让游泳者达到13km/h的速度，也就是400m自由泳世界纪录的两倍……

水下交流

难道说，在使用卫星通信的今天，海豚的交流模式仍比我们拥有的许多技术都更先进？与蝙蝠（见第128页）一样，海豚利用声波来定位和捕食。海豚拥有一个特殊的器官——额隆，一个长在额头的脂肪组织，它能够放大海豚所发出的声音。这些声波在水中传播，当遇到一个障碍物时，声波就会返回到海豚处，并且通过颌骨传递到内耳中，由内耳记录声波的颤动。随后海豚即可在头脑中描绘前方物体的形象，并且获得潜在猎物的精准图像——如同X光片。在20世纪初声呐被发明时，鲸类的回声定位方法尚未被知晓，但如今受它启发而出现了许多新技术，尤其在机器人方面：海豚的发射与接收系统简单到能让机器人以同样方式躲避障碍物。比如“仿生企鹅”（见第110页），它装配了一套模仿海豚的定位系统（3D声呐）。

多亏了海豚，我们才能准确地探测海啸。

不过这还不是全部：海豚不仅利用声波来定位，而且还用它来相互交流。通过改变音域和音高，每一个个体都能发出一种“声音签名”，因此接收到信号的个体能够清楚地辨认出发射信号的个体，而且是在数千米以外。

受到海豚的发声系统的启发，德国某研究部门的工程师们开发了一款水下调制解调器。它被用于探测南太平洋的海啸，只有这种调制解调器能够以足够的速度和精准度传输海底接收器收集到的信息。这就是现代版的海豚预先通知水手风暴即将来临的故事。

减少紊流的弹性皮肤

海豚的皮肤只是看起来光滑。事实上，它的表皮是由一种海绵质组织构成：也就是说这层表皮厚度的80%来自它所包含的水。这种柔软性使得它能够吸收紊流，因此能毫不费力地提高海豚在水中的移动速度。

在20世纪60年代，一种模仿海豚表皮的涂层由一家美国公司研发出来。它被成功地用于船和潜艇的表面，而且这种涂层还在其他领域大放异彩，如今某些飞机的涂层也得益于海豚的皮肤。

1 回声定位
2 遇到障碍物
3 声波经过颌传入内耳
4 发射放大的声波
5 额隆

座头鲸

Megaptera novaeangliae，须鲸科

●巨型哺乳动物：成年的座头鲸平均体长可达 12 ~ 16m，体重可达 35t。●躯干庞大，背部黑色，腹部白色，头部和下颌覆盖着瘤状突起（“块茎”），胸鳍比其他鲸类长得多：可以达到身体长度的三分之一。●迁徙性动物，每年能迁徙 25，000km 的距离，在冷水海域中度过夏天，在温暖海域中度过冬天。

下一页图片 >>>>>>>>>>>>>>
鲸鱼的鳍

突起技术

突起（英语为 Tuber，有“蔬菜的块茎”之意——译注）技术，这个名字并不意味着它被用于农业，实际上它常被用于流体力学，更准确地说，用于风力发电。这个名字也并不意味着启发它的生物是蔬菜——实际上是巨大的座头鲸。突起，其实是覆盖座头鲸头部和下颌的瘤状突起——在它的鳍的前缘也存在这样的突起。

带突起的风力发电机桨叶，以座头鲸的鳍为原型。

这一切起源于一次购物。弗兰克・费什（Frank Fish）教授在寻找一份礼物时，观察到一家商铺里的鲸鱼雕塑。“看呐，”他高声喊出，“雕塑家把鲸鱼的鳍做反了。”被商店主人指正后（雕塑家是一位鲸鱼爱好者），教授带着一个待解决的谜团——座头鲸的鳍前缘的突起有什么作用，回到他的实验室。弗兰克・费什是一位生物力学专家，他尤其对海洋动物的移动方式有极大的兴趣。

鲸鱼的鳍上的突起与人们此前的认知相反：直到那时，人们都认为光滑的表面能够提高运动的效率。弗兰克・费什与他的同事们发现的却是，突起能够大大地节约能量，主要是因为它们能够减少压力并且扩大活动范围。

这一发现很快被工程师们利用，首先被用于制造风力发电机的桨叶。新一代的风力发电机以座头鲸的鳍为原型设计，它表现得更加高效，尤其是在风力微弱或者风向不定时。同时，新一代的风力发电机更加安静，因此对环境的损害也更少。

不过这只是一个开端：自此以后，突起技术能够被用于其他螺旋桨型的桨叶——比如风扇的或者直升机的。

动物策略

气泡网捕鱼法

座头鲸偏爱的食物是磷虾（一种小虾），以及成群生活的鱼，比如鲱鱼以及鲭鱼。有时候，鲸鱼们会成群结队地猎食，以一种叫“气泡网捕鱼法”的技术：好几条鲸鱼（有时候能够超过十条）先包围住一群鱼或者磷虾；它们用鼻孔呼气形成一道气泡障碍，这些气泡像一张网那样困住猎物。当这个气泡网收到足够紧时，鲸鱼们就会往里冲，然后一口吞下数百只猎物。如果没有带突起的胸鳍，鲸鱼们无法达到这样的速度和准确度，也就无法实现这种捕鱼方法。

如此大的心脏

座头鲸的心脏因体积之大和力量之强而与众不同：这颗心脏能够在生物的机体中泵出相当于三个浴缸的血。不过它最让人惊讶的特点是它每分钟只会跳动三次。这种节奏是由一种极其复杂的神经系统控制，直接通过脂肪组织传递给心脏收缩的信号。有研究者称，这种“布线”系统将会在几年内代替心脏起搏器。心脏的跳动将不再由电池触发，而是由神经冲动触发。

鲸须过滤器

鲸鱼的鲸须启发人们设计了一种用于水循环的自洁过滤器。鲸鱼的鲸须使得它们能够重新吐出水——但不会吐出猎物。一种模仿鲸须的过滤器在澳大利亚被发明并得到利用，同鲸鱼一样，它利用水的流动和压力将水从固体中分离并让其继续流动，逐渐地，这个过滤器就会将污垢清除干净。

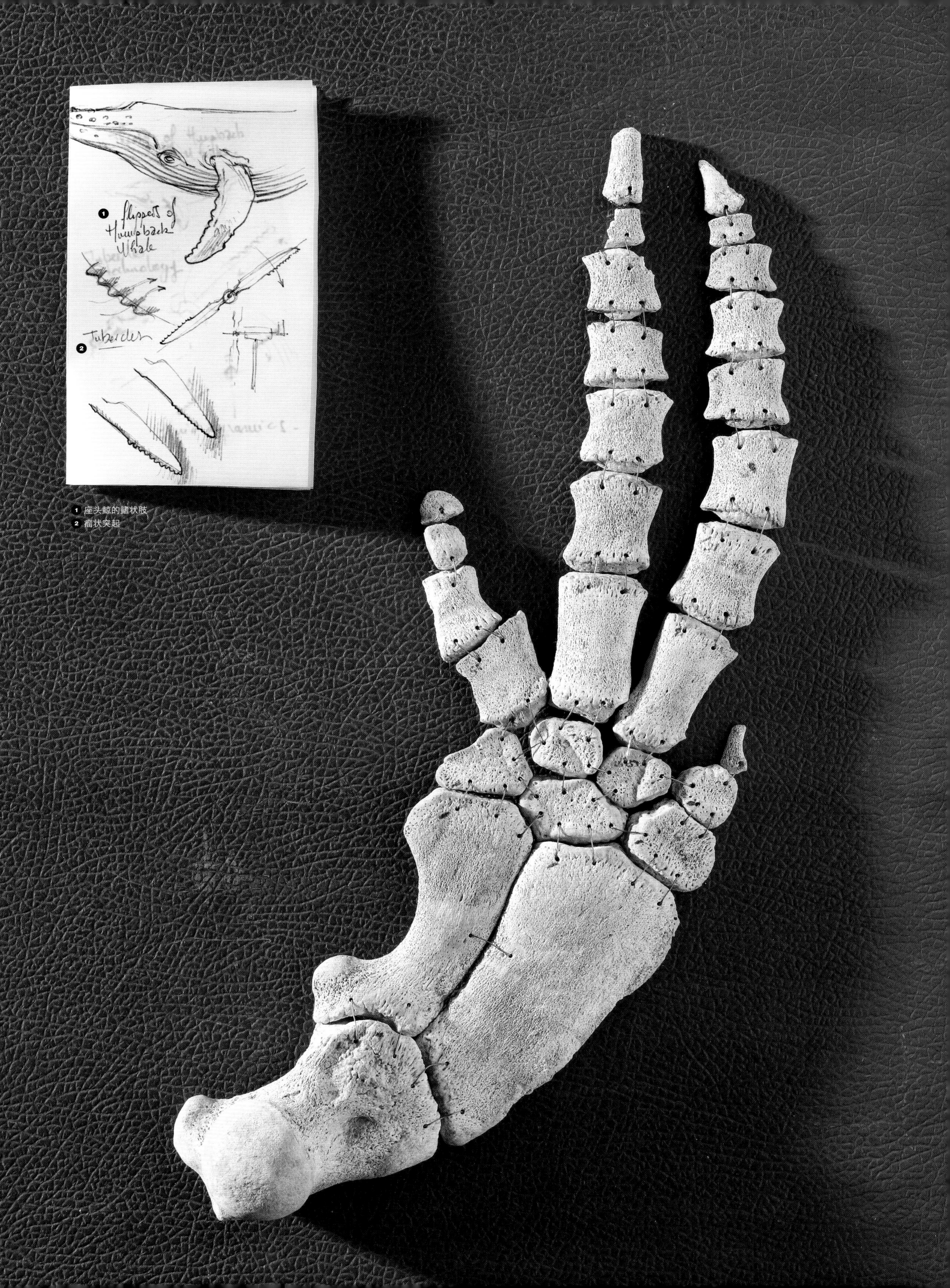

1 座头鲸的鳍状肢
2 瘤状突起

人

Homo sapiens，人科

●两足行走的哺乳动物，体型高大（成年个体可达 1.4 ~ 2m 高），站立姿态特别：脊柱直立，且前肢不触碰地面。●与其他灵长类动物相比，人类拥有一个更大的大脑，和不发达的毛发系统。●人类是唯一懂得用火、煮食、穿衣以及发展各种技术和工具的动物。

下一页图片 >>>>>>>>>>>>>>
Homo sapiens sapiens（晚期智人），
孔贝·卡佩勒（模型）

用骨架建造埃菲尔铁塔？

“不雅的骨架”＝埃菲尔铁塔？这至少是它的同时代人，著名的居伊·德·莫泊桑（Guy de Maupassant）对它的形容。在 19 世纪末期，铁塔像一朵蘑菇那样突兀地出现在巴黎景观中，这个铁做的巨人，技术与美学上的创新品，最初得到的却是毫无保留的谴责。无论如何，莫泊桑不会相信：它的建造工艺确实受到了我们的骨架的启发！

埃菲尔铁塔的“骨架”总是直立着……

让我们先澄清一个重要的事实：并不是古斯塔夫·埃菲尔（Gustave Eiffel）设计出了这个冠以他的名字的铁塔，而是他的一个雇员，年轻的瑞士工程师莫里斯·克什兰（Maurice Koechlin）。是克什兰想到的这个结构，而且也是克什兰负责建筑的设计图。最棘手的问题是重量的分配：巨型骨架自承重的必要性决定了它的外形和它的多层架构。

为了解决这个费神的问题，年轻的克什兰求助于他的瑞士同胞卡尔·库尔曼（Karl Culmann）的一项最新发现。后者刚刚提出了一种模仿人类骨骼（更准确地说，股骨）的建筑方式。

当库尔曼也在绞尽脑汁思考同样困扰克什兰的问题——起重机的设计图时，灵感来了。在一次礼节性地拜访他的朋友，一位瑞士的解剖学教授时，库尔曼参观了股骨的解剖过程，他惊呼道：“这就是我的起重机！”

事实上，股骨相当于脊柱的悬臂，而脊柱靠铰接连接着股骨。当靠近观察时，我们会看到多束纤维，它们能分流身体重量产生的力线，所以能稳定地将垂直的重力分到水平方向。库尔曼通过计算和模仿股骨骨纤维的分布，成功地建造了他的起重机；而克什兰凭借同样的数学规则完成了铁塔的设计图——但这座铁塔却没有冠以他的名字。

人形机器人

自 18 世纪沃康松的自动装置出现起，人们一直在努力创造模仿人类的机器；梦想着，或者恐惧着，这些人形机器人会极其精妙地模仿人类，以至于我们再也不能区分二者。尽管离科幻小说中完美的人形机器人还很远，但今天的科技已经发展到了沃康松不敢想象的地步，不管是从它们与人类的相似程度，还是从它们能够完成的动作来看。比如，21 世纪初的人形机器人能够走过去识别它们的对话者，并回答他们的问题；在日本，有用于迎宾的人形机器人，以及别的机器人模特。不过，日本机器人产业警惕着完美：如果机器人与人类有 95% 的相似度，人类就可能对它产生敬佩和同情；如果相似度超过 96%，人类就会害怕——因为它不再像一个成功的人形机器人，而更像一个有问题的人类……

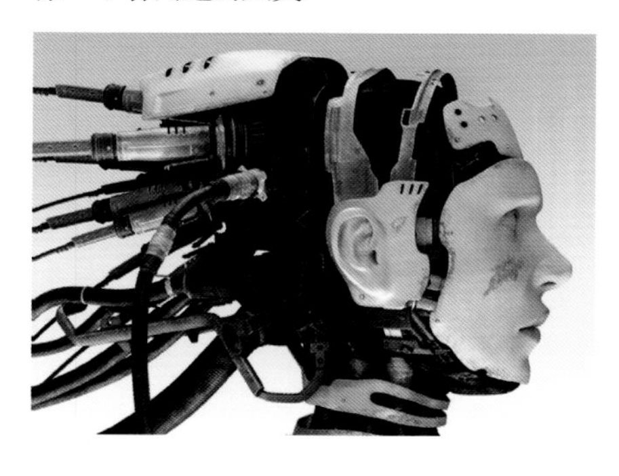

像牙一样生产牙釉质

如何生产牙齿的牙釉质？以工匠们生产珐琅质的方式：在一个支撑面上堆积轻薄的矿物质层。自然的方式除了比人为的方式更节省之外，它还不需要在高温下完成。研究者们目前正致力于研究我们的牙釉质的形成过程，而且已经成功地复制完成了好几个步骤。这个成功生产“天然”珐琅质的计划，或许能让我们在将来造出与“真牙”材质相同的假牙。

1 股骨
起重机结构
2 重量的分布

老鼠

Muroidea（鼠总科），啮齿目

●现存最原始的哺乳动物之一，生命力旺盛，数量多，繁殖速度极快。●食性杂，警觉性高，善于攀爬和游泳。●会破坏草原、传染疾病，但某些种类的老鼠常被用于实验。

下一页图片 >>>>>>>>>>>>>>
Rattus rattus（黑鼠），白化个体

普斯卡尔帕克斯和人造动物

我们都知道老鼠和实验室之间的悲情联系。不过，对于普斯卡尔帕克斯（Psikharpax），科学界所展开的又是另一种实验：普斯卡尔帕克斯毫无疑问是一只实验室老鼠，不过它更是一个机器人。

这不是一个玩具，而是一个智能机器人……

这只老鼠是一只人造的机器老鼠，由巴黎第六大学的机器人研究所研发。不过，要注意，这项创造并不是用来娱乐大众的；它被用于一个特定的目的：发展机器人的自主行动能力，也就是教会机器人学习，尤其是教会它们适应环境。这包括两个方面：长远地说，是为了发明智能机器人；另一方面，是为了更好地理解“真正的”动物如何理解它们周围的世界——如何定位、如何寻找食物、如何形成组织等。第二个方面同样包含了对人类大脑的研究。

普斯卡尔帕克斯的设计者们说道，如果问为什么要模仿老鼠，那首先是因为老鼠与人之间的共同之处。老鼠是哺乳动物，也是群居动物，而且老鼠的大脑结构与人类的尤其相近——这是实验室里“真正的”老鼠的最大的不幸。

普斯卡尔帕克斯的设计者们选择老鼠的一个理由是：老鼠卓越的环境适应能力。这只小机器人配有4只轮子，它的感觉器官以最忠实的方式复制了动物的感觉器官。它的“眼睛”是固定的两个小摄像机，凭借两个小型电机将图像传递到能像哺乳动物那样处理图像的电子芯片中。耳朵也是一样，甚至还能旋转。最后，普斯卡尔帕克斯还配有由碳元素制成的胡须——老鼠触须的另一个名称。

普斯卡尔帕克斯能学会独自移动和在环境中定位，由此揭示出有关哺乳动物神经系统运作的珍贵信息。它现在还能够自己觅食——也就是去往充电点。它的设计者们的目的就是使它尽可能地不依靠人类。这是一个美好的计划，但愿它不会复制真正的老鼠们的繁殖速度吧……

老鼠牙与自动锐化的刀片

老鼠的牙齿会不停地生长——这迫使老鼠不断地磨牙。这正是试图研发一种自动锐化研磨器的瑞士研究者们想要模仿的。而且成功了！老鼠的牙齿只有前面才覆盖了牙釉质，而后面的牙本质是裸露的。当老鼠“磨牙”的时候，牙釉质会摩擦牙本质；柔软的牙本质渐渐磨损，最后牙齿的前方就变得更加锋利。研磨机的刀片就是模仿了这个过程，它由好几层组成，一面是合金，另一面是陶瓷：陶瓷起到了牙釉质的作用，而金属则充当牙本质。当研磨机不断工作时，它的刀片就变得越来越锐利。

动物策略

具有听觉的胡须

老鼠的胡须——或称触须——不仅用来在空间里定位，还能用来听声音。每根胡须就像竖琴的琴弦，在不同的频率下产生共鸣——最长的须对应低沉的频率，最短的须对应高频，而且每根触须都连接着大脑中负责分析声音的部分。在这种方式下，由胡须“听到”的声音就会补充由耳朵接收到的信息。这种双重听觉系统同样能应用于机器人科学。

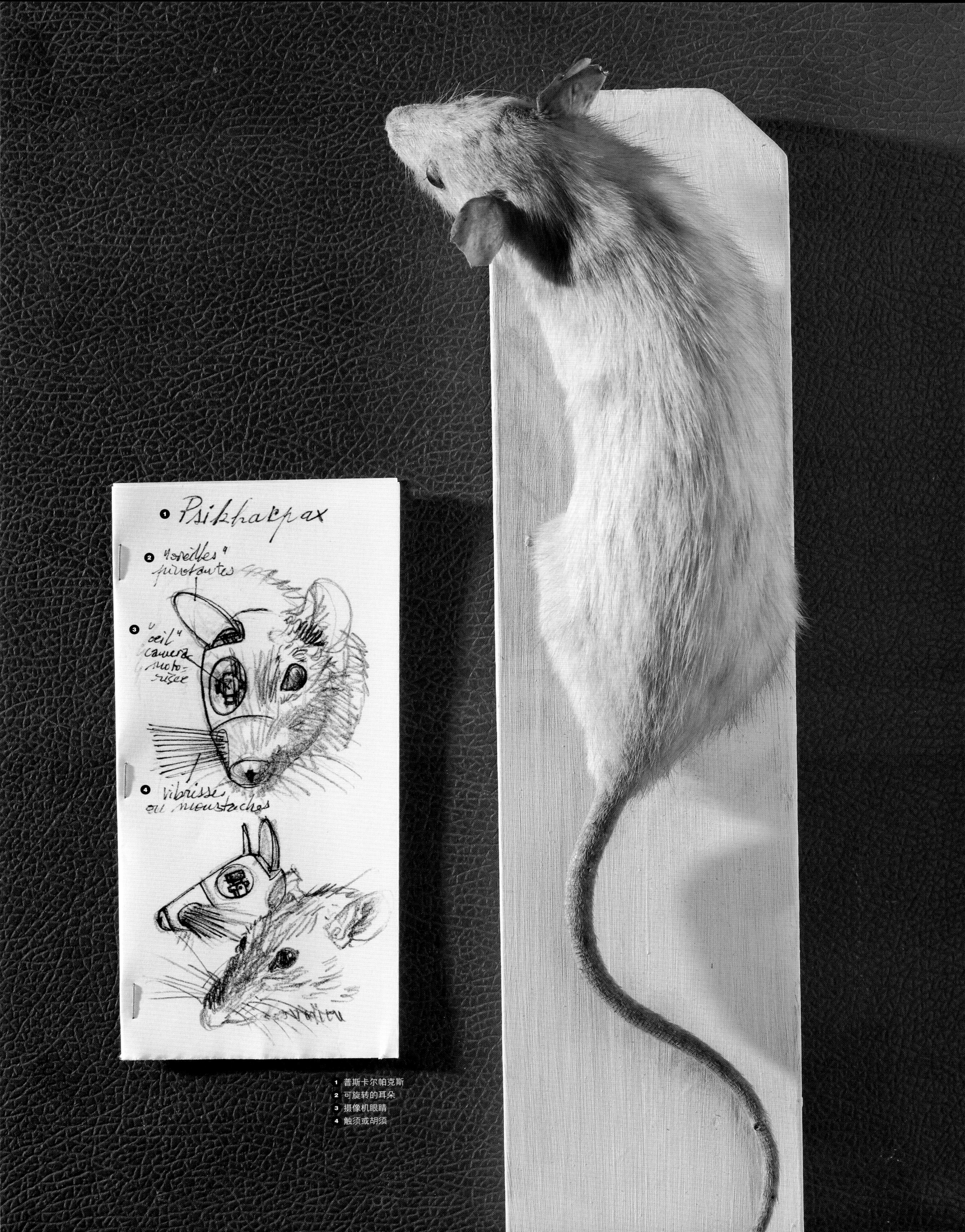

1 普斯卡尔帕克斯
2 可旋转的耳朵
3 摄像机眼睛
4 触须或胡须

猫

Felis silvestris catus，猫科

●小型猫科动物：体重 2.5 ~ 5kg，身长 45 ~ 55cm（不包括尾巴）。●猫是一种夜间捕食动物：它有能伸缩的爪子、适应黑暗的视觉能力，以及能够撕裂食物的下颌，这样的下颌让它无需咀嚼即可吞咽。●兽毛有多种颜色或图案组合，从单一色到花斑。●家猫和人类的相处历史超过 9，000 年。

下一页图片 >>>>>>>>>>>>>>
Felis sylvestris（野猫）

吸收震荡

猫科动物惊人的灵活性从何而来？——来自它们的骨架，更确切地说，来自它们的骨架的一个特点。它们的锁骨并非通过关节，而仅仅是通过韧带连接到脊椎上。这一种“浮动”的状态能够吸收震荡，让猫在以脚爪（前爪）落地时跳跃的冲击不会即刻传递到脊椎。这种构造正在被研究用于开发公共汽车和火车的“防撞栏”。

动物策略

可伸缩的爪子

如何阻止有力的爪子发出声音或降低奔跑的速度呢？——将爪子收起来。同大多数猫科动物一样，猫的爪子也具有可伸缩性，因为每一个脚趾骨的最后一截都连接了一段肌腱。一种模仿猫爪的装置正在研究中，目的是让越野车能改变轮胎的构造以适应路面。

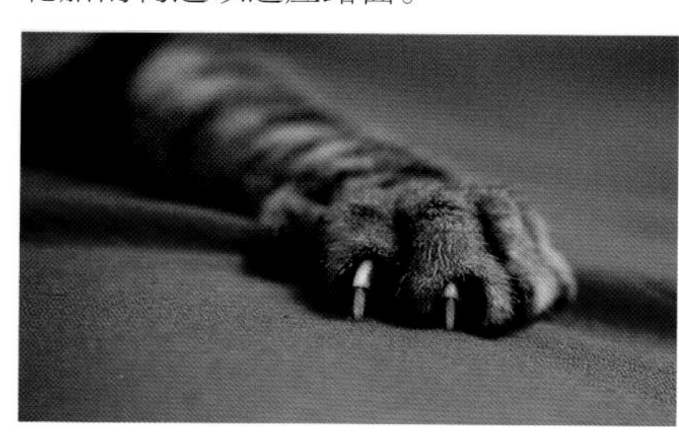

夜间反射

对于在夜晚开车的驾驶员来说，道路两旁的猫眼道钉像猫的眼睛一样发亮。这并不是一个偶然，因为它们的发明者，珀西·肖（Percy Shaw），就是在一条乡间小道上与一只小猫相遇后才设计出了猫眼道钉的。在一个雾蒙蒙的夜晚，肖在回家的路上，差点在一个弯道上冲出车道；不过他还是及时地回到了车道上，因为他看到一只停留在路边栅栏上的猫的眼睛。

夜里的猫眼，细微光线的完美反射器。

猫的眼睛能够适应夜晚：一方面，它们的瞳孔有很强的扩张能力（光线越是昏暗，瞳孔越是张大）；另一方面，因为猫的眼睛底部有一层特别的细胞——明毯。这一层细胞能够像镜子一样反射光线，让光线再次穿过视网膜（这能够让可见光亮度翻倍）。正是这层明毯赋予了猫在黑暗中闪闪发光的眼神，也正是它，在中世纪为猫带来了不好的名声：人们认为猫的眼睛反射的并非正常的光，而是来自地狱的焰火……

还是在 1934 年，珀西·肖为他的发明注册了专利，并将其命名为“猫眼反射器”——英语为 cat’s eye，直到现在这个名称还被用来指代猫眼道钉。他还研发了一种与猫的明毯相似的装置，方法就是将一块铝板固定在玻璃镜的后面。肖最初发明的猫眼道钉甚至能够自行清洁，凭借的是由过往车辆的轮子激活的“眼帘”，它闭合时积聚的雨水就能清洗玻璃。

在注册专利后，肖建立了一家企业来生产和销售猫眼道钉。不过他的成功出现在第二次世界大战期间：英国人为了避免敌人轰炸而强制实行宵禁，由此，被动照明的优点显现出来了，因为被动照明使得道路隐没在敌机的视野中。

珀西·肖真的是模仿猫而设计出猫眼道钉的吗？他自己的言辞也自相矛盾，包括在被问到他与栅栏上的猫的著名的“夜遇”时……不过，他的“猫眼”与小猫一样，已经遍布全世界了。

X 光探测器

猫能够探测到 X 光，这并非得益于它们的视力，而得益于它们的嗅球——嗅球向大脑传输嗅觉神经末梢所捕捉到的信息。这样一种自然的探测器能在医疗产业中大派用场，而后者也在努力地模仿这种功能。

1 光线微弱
瞳孔扩大
2 光线强烈
瞳孔收缩
3 视网膜
4 明毯
5 反射器
peu de lumière
pupille très dilatée
+ lumière
pupille peu
dilatée

穿山甲

Manis（穿山甲属），穿山甲科

●体形修长的哺乳动物，身体如爬行动物一样覆盖着接合的鳞片。●身体为淡褐色，体型最小的种类长约 30cm，巨型的穿山甲可长达 1.5m；四肢粗短，末端有 5 只带爪的趾；头尖细且长。●没有牙齿，靠长长的带黏性的舌头捕食昆虫。●生活在非洲和东南亚的热带和赤道地区。

下一页图片 >>>>>>>>>>>>>>
Manis tetradactyla（长尾穿山甲）

动物策略

像球那样滚

留给侵犯者尽可能少的表面：这是穿山甲和犰狳的自卫方式。当它们将自身卷起时，它们的重要器官和四肢都位于保护壳的中心，因而受到了保护。这种策略能够被模仿用于建造可再生的能源传感器，使其在暴风雨来临时可以自我折叠。

穿山甲背包

一家哥伦比亚的服饰品牌产生了模仿穿山甲来设计一款背包的想法……它由互相层叠的“鳞片”组成，因此既坚固又轻盈——不过，虽然它冠以穿山甲的名字，但它的环状外形让人更容易想到犰狳，也就是穿山甲的生活在南美洲的“密友”……另外，穿山甲背包只用可回收材料生产——它的生产不会对穿山甲和犰狳的生存造成任何威胁！

给建筑师的鳞片

刺猬有它们的尖刺，穿山甲则有自己的鳞片。这种生活在热带地区的哺乳动物从头到脚都覆盖了一层保护性外壳。同刺猬一样，穿山甲在遇到危险时会缩成球状滚动，这种对称的球状绝对会让捕食者难以下口。另外，穿山甲的鳞片能保护自己不被它偏爱的食物——蚂蚁叮咬。

伦敦的滑铁卢火车站，受穿山甲启发而建成。

穿山甲的鳞片曾经在某些地区作为药物而闻名，而现在对它感兴趣的却是建筑师们。这些鳞片的组成成分为角蛋白，那也是组成我们的指甲和头发的成分；这些鳞片十分坚硬——足以保护动物的肉体。不过，这种坚硬并不阻碍动物变化形状，包括变成球形。另外，这些鳞片都有着相同的形状：它们的重叠组成了一个不断重复的和谐图案。

建于 20 世纪 90 年代早期的伦敦新滑铁卢火车站，就从穿山甲的鳞片中获得了启发。它的设计师尼古拉斯·格雷姆肖（Nicholas Grimshaw）必须设计出一个足够大的结构，来迎接不断到达的欧洲之星列车，同时这个结构还要适应有限的城市空间和原先已存在的车站空间。于是他为这座建筑设计了长长的拱形外形，由一个钢铁框架做支撑，上覆玻璃板。正是在这里，穿山甲大派用场：为了减少成本，所有建造材料都必须以同样的模型制造，包括在建筑弯曲的位置，也就是像穿山甲的鳞片那样随着动物的动作而展开或层叠。

另一位建筑师，丹尼斯·道伦斯认为，穿山甲是未来建筑的象征。它全然适应信息时代，因为它重复的鳞片图案能在一台计算机上被编程；而且它柔软、灵巧，足以启发人们发明新的、富有生命力的建筑形式。将来，或许有穿山甲房子？

不要混淆：穿山甲还是犰狳？

犰狳属于带甲目，只生活在美洲——在那儿没有穿山甲。它的身体上并没有覆盖着鳞片，而是覆盖着带有角质组织的骨质甲；这些骨质甲分裂成环状，因此能让犰狳在危险情况下缩成球状滚动，就像穿山甲那样。犰狳的食谱上也有昆虫，不过没有那么单一。另一个共同点是，犰狳也给了建筑师启发：1990 年后建造的许多公共建筑都采用了它的环状外形和鼓胀轮廓。位于格拉斯哥的苏格兰展览会议中心就是一个例子，它被戏称为“犰狳”……

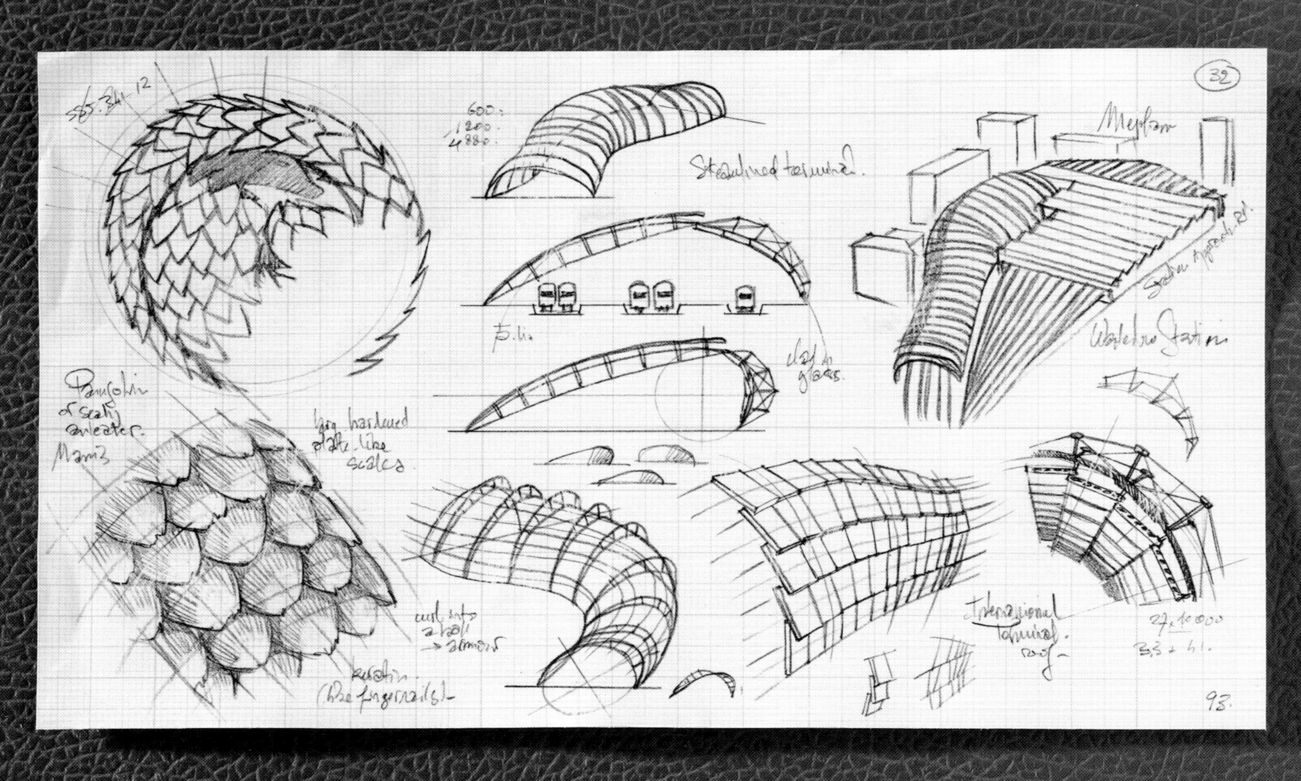
Pangolin
Waterloo Station
International Terminal roof

斑马

Equus quagga，马科

●大型马科动物：肩高 1.3～1.4m，体长 2.2～2.4m；身体肥壮，四肢短。●皮毛为黑白相间条纹，每一条的图案都不同；马鬃竖起，上面也有条纹。●斑马的最快奔跑速度可达 55km/h。

下一页图片 >>>>>>>>>>>>>>

Equus zebra（山斑马）

障眼法

斑马纹能使船隐身？——尚无定论。

条纹，等于斑马？不是那么简单。如果我们仔细观察，就会发现它的黑白条纹远远不是规则的。不仅每一条各不相同，而且整体也并不是一个规则的平行图案：条纹依次地变粗或分叉，似乎在形成一种视错觉。

在 19 世纪末，相信达尔文进化论的自然学家们在急切地尝试解答斑马条纹的功能。动物这样进化是为了适应哪种环境，出于什么原因——总之，这些条纹在自然界中的角色是什么？画家阿伯特·塞耶（Abbott Thayer）最早做出了解答：斑马的条纹能让它隐身。

对于有蹄类动物而言，首要的一点就是躲避捕食者——因此才有了对奔跑的适应。另一种方式是伪装自己，就像羚羊那样，将自己的颜色变得与环境一致。因此，塞耶认为，考虑到非洲强烈的阳光，斑马的白色条纹能让斑马消失在它的自然环境中……塞耶说法最激烈的反对者莫过于西奥多·罗斯福（Theodore Roosevelt）——曾经的美国总统。作为经验丰富的猎人，罗斯福确信，在稀树草原上斑马是最容易被发现的，他本人就是证人。不过，在第一次世界大战前期，塞耶和他的支持者们产生了将斑马的伪装应用到——英国战船上的想法。这个想法从 1917 年起被真正地实施：在 20 多年间，上百艘船，英国的和美国的，都被涂成黑白相间的外观。这样的想法并不是要隐藏船只，而是让它们的航向或体型变得不可预测——凭借的就是断裂的斑马图案。这种做法的结果还备受争议……

今天的科学家们为塞耶的说法添加了更多的理由：斑马的条纹确确实实是为了瞒过捕食者的眼睛，不过并不是像塞耶想的那样使得自己不可见。塞耶没有考虑到的是，斑马成群地生活和移动——因此，狮子，它们主要的猎食者，必须要孤立出一只个体才能猎食。不过，条纹所产生的效果使得斑马们从远处看上去难以区分。所以斑马纹确实是一种障眼法——对于狮子来说。

食草动物利于生物多样性

东非的塞伦盖蒂平原提供了一大片牧场给大型食草动物群——其中就有斑马，它们与别的物种和谐共处。最近的研究表明，这些食草动物能让草原免于贫瘠，并且有助于保持牧场的生物多样性，让每一个物种都有自己的食物。除此之外，植物种类的多样性也使得草原能抵抗过度放牧，而不使土地贫瘠。农学家们通过模仿塞伦盖蒂平原天然的可持续发展方式，尝试研究能让牧场发展更持久的动物与植物的组合方式。

动物策略

远离寄生虫

斑马的条纹并不只是针对捕食者的伪装，而且也是针对寄生虫的伪装。令人生畏的舌蝇——昏睡病的罪魁祸首，倾向于朝着单色块方向寻找它的受害者……条纹则为斑马提供了庇护。

1 斑马站在一起以混淆视觉

飞鼠

Glaucomys volans，松鼠科

●学名鼯鼠，能借助翼膜滑翔的松鼠，上下肢间有薄膜相连。●背部的皮毛为棕灰色，两侧颜色更深，腹部为灰白色。●尾巴扁平，耳朵比别的松鼠更明显，凸起的眼睛更适应夜晚生活。● 23～25cm 的体长（包括尾巴）；50～100g 的体重。

下一页图片 >>>>>>>>>>>>>
Iomys horsfieldii（爪哇鼯鼠）

无翅飞行

飞行衣，20 世纪 90 年代才得以改善。

在 1930 年，跳伞运动才刚刚登上历史舞台，美国人雷克斯·芬尼（Rex Finney）就通过投身一项当时独一无二的试验而吸引了他的同时代人的关注。多亏了在他的双脚间的一块三角形布，芬尼成功地获得了足够的气流来承载他，使他保持滑翔飞行并完成了几个动作，在最后关头才打开降落伞降落。芬尼的这一想法，是在观察北美森林中的一种小哺乳动物——飞鼠时产生的。

不同于它的名字，飞鼠并不能“飞”：它只是懂得在空气中滑翔、控制方向和速度，这都多亏了它的前肢和后肢之间的薄膜——飞膜。对于科学家而言，飞鼠的形态是哺乳动物进化的一个关键阶段：蝙蝠之前的最后一环。对于运动员而言，它则是滑翔飞行的关键。

自 1930 年起，芬尼的试验就造就了一批追随者——同样造就的，还有一系列事故。在 1930 年到 1960 年间，75 位试验者中就有 72 人在测试“飞行衣（wingsuits）”时死亡。直到 20 世纪 90 年代，第一种可靠的模型才出现，它由法国人帕特里克·德·加雅东（Patrick de Gayardon，他在几年后的一次测试中也离世了……）研发。不过，飞鼠始终是为飞行衣的设计者和试验者答疑解惑的最佳老师。这种小啮齿动物还特别传授了关于髋部拱起以及膝盖和肩膀姿势的重要知识——换句话说，飞鼠不仅教会了人们生产飞行衣，而且，理论上讲，还教会了人们飞行姿势。

自此以后，对飞行衣使用者提出的最大挑战就是着陆。对于这个问题，飞鼠是利用它的尾巴来解决的，它将尾巴用作减速器和方向舵。直到目前，飞行衣的使用者仍然必须使用降落伞降落。不过，在不远的将来，新型的飞行衣或许能够让他们减速到不带降落伞就能着陆——像一只飞鼠落在树枝上那么轻盈。

在任何处境下保暖

黄鼠是生活在北美和俄罗斯的松鼠，它们的皮毛具有一个特点：能够在不改变外观的情况下适应气温的变化。季节更替时，黄鼠始终保持同一种毛色，但它能够根据自身需要，吸收适量的热能。它是如何做到的呢？研究者发现，这其实是毛的光学特质发生了改变，使得动物能够在寒冷的季节吸收更多的光来取暖……这种方式值得纺织业甚至建筑业学习和模仿。加拿大的西安大略大学的学生们开展了一项计划：研发一种由黄鼠皮毛启发的衣服——供给冰球运动员。

动物策略

灵活的脚

不管是会飞行还是不会飞行的松鼠，它们之所以能够在树上如此轻松地移动，都是多亏了它们的脚。与一对脚趾朝后的攀禽不同，松鼠的脚的关节能够自由转动，因此松鼠总是能够为它的爪子找到一个支点——哪怕是在垂直的树干上。松鼠的脚踝吸引了工程师们的兴趣，他们想通过模仿而发明出一种能够拆卸的接头，用于组装脚手架或者固定悬桥。

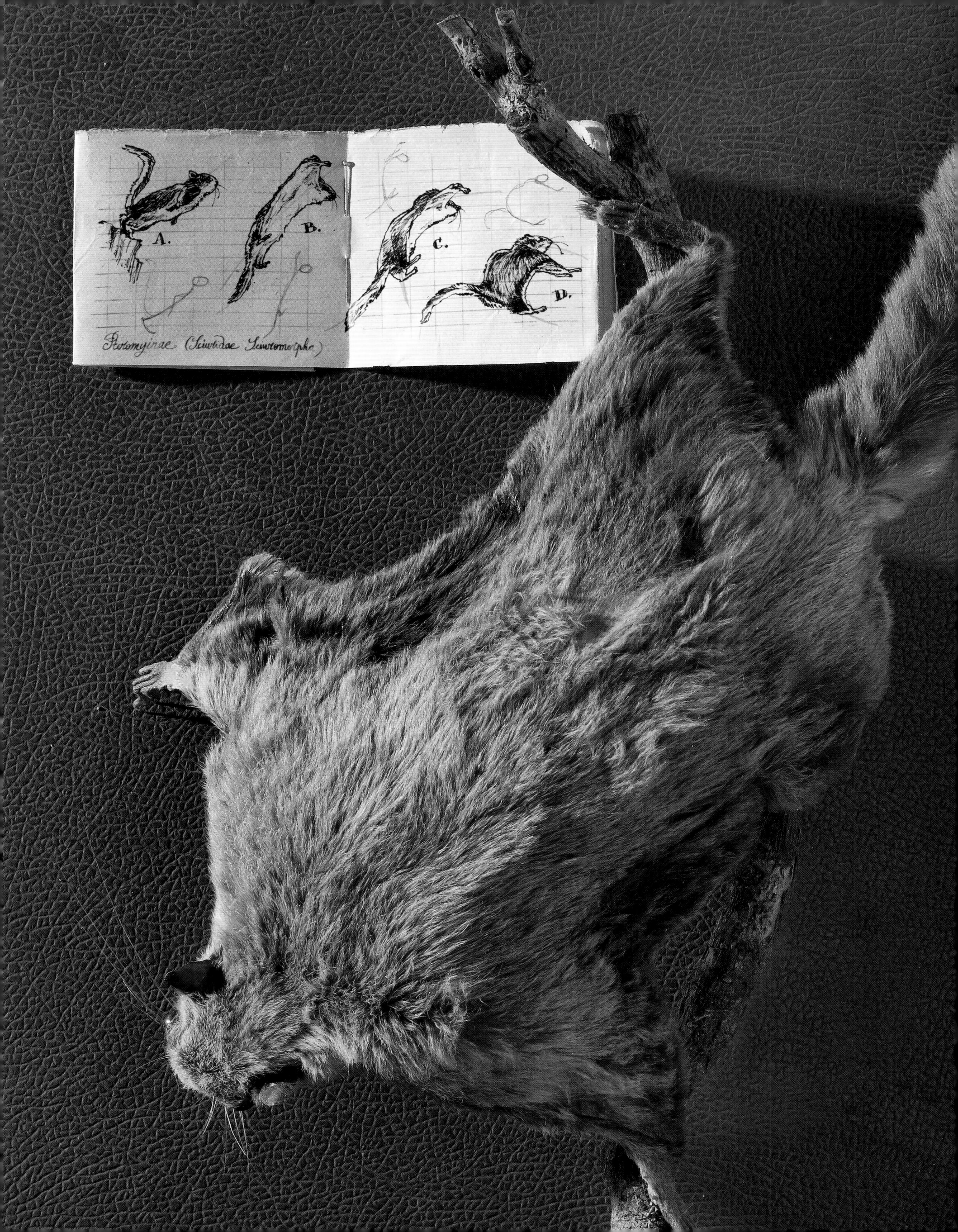
A.
B.
C.
D.
Pteromyinae (Sciuridae Sciuromorpha)

蝙蝠

Chiroptera（翼手目），哺乳纲

●哺乳动物，前肢为翅膀。●蝙蝠的翅膀为薄膜状，在类似手骨的结构上展开。●大部分蝙蝠在夜晚猎食昆虫，白天则在不见光的地方栖息。●存在超过 1,000 种蝙蝠：它们是除啮齿动物外，地球上最具代表性的哺乳动物。

下一页图片 >>>>>>>>>>>>>>
Eptesicus serotinus（大棕蝠）

抵抗疟疾的蝙蝠

20 世纪初，一位得克萨斯人，坎贝尔（Campbell）医生，建造了一座供蝙蝠栖居的塔，以抵抗在城市的沼泽地区肆虐的疟疾。原理就是靠蚊子的天敌控制蚊子的繁殖。这个想法是好的，不过现在已经过时了……

想象仿生学

蝙蝠炸弹

这难以置信——而且卑鄙——但又是真的：第二次世界大战期间，美国军方曾打算以“蝙蝠炸弹”轰炸日本。计划就是在城市上空投放装有降落伞的笼子，笼子里装着上千只蝙蝠，每只蝙蝠身上都绑上了一颗小型定时炸弹……

夜间狩猎和超声波定位

1793 年，意大利僧侣拉扎罗·斯帕兰扎尼（Lazzaro Spallanzani）向著名的学者们致信，信中他提出了这样的问题：“究竟是什么使得蝙蝠能够在黑暗中飞行？”斯帕兰扎尼用了好几年来尝试解开这个谜团，他在蝙蝠身上尝试了或多或少带有天主教性质的实验。通过验证，他明确指出，蝙蝠在黑暗中是通过听觉引导方向，而非视觉。不过听什么呢？斯帕兰扎尼确信蝙蝠在导向时发出了人类听不见的声音。这个结论在当时招来了他的同行们的讥讽……

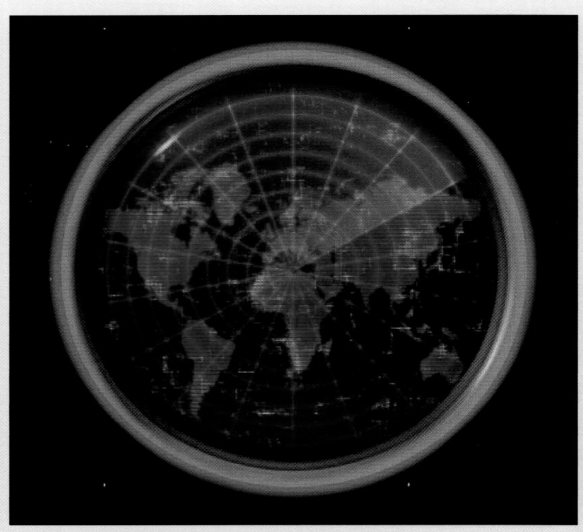

声呐，在不自觉中模仿了蝙蝠的定位系统……

一直到 20 世纪，因为泰坦尼克号的沉没，科学家们才能够证实斯帕兰扎尼的观点。事实上，正是这场灾难促使当时的人们开发了一套能在黑暗中运行的定位系统。在那些年里，人们开发了声波发射系统，发射出的声波遇到障碍物时会反射，由此可以探测出物体所在——这就是最初的声呐。在那个时期，研究人员开始猜测，蝙蝠应该是靠拍打翅膀所发出的声波来导向。不过，直到 1938 年，美国动物专家格里芬（Griffin）才证明了斯帕兰扎尼的说法，这多亏了超声波探测器——与声呐一脉相承的发明，因为它能够探测出人类耳朵听不见的声音。

现在我们知道蝙蝠通过超声波定位：它们通过收缩喉咙发出超声波，返回的超声波会给它们展开一幅周围环境的准确画面——尤其是猎物的大小和移动速度。因此，并不是蝙蝠的超声波定位指导了声呐的发明，而是这项技术的发明让人懂得动物的技术达到了多么完美的境界。

克莱蒙·阿代尔的蝙蝠飞机

克莱蒙·阿代尔（Clément Ader），飞行史上的先驱之一，他将希望寄托在蝙蝠的翅膀外形上。他的飞机原型，“飞机 I”（也叫“风神”）以及“飞机 II”，应该是最早成功地短暂飞离地面的飞行器。这些飞机的翅膀复制了蝙蝠薄膜的构造；不少于 6 根的曲柄使得它们的几何结构可变，这些模仿了动物的骨架和关节。不过，如果说阿代尔设计的这些绝妙的机器能够被载入史册，那么它们更多地应该归功于它们的外观，而不是效率。当然，在今天看来，这些飞机完全没有可能真正地飞行，因为阿代尔对他的设计理念太过自信，而忘记了给机器配置一个导航和平衡系统。阿代尔并不是唯一梦想过像蝙蝠那样飞行的人：列奥纳多·达·芬奇是第一个从蝙蝠的翅膀中获得灵感，并画出最早的飞行器草图的人。

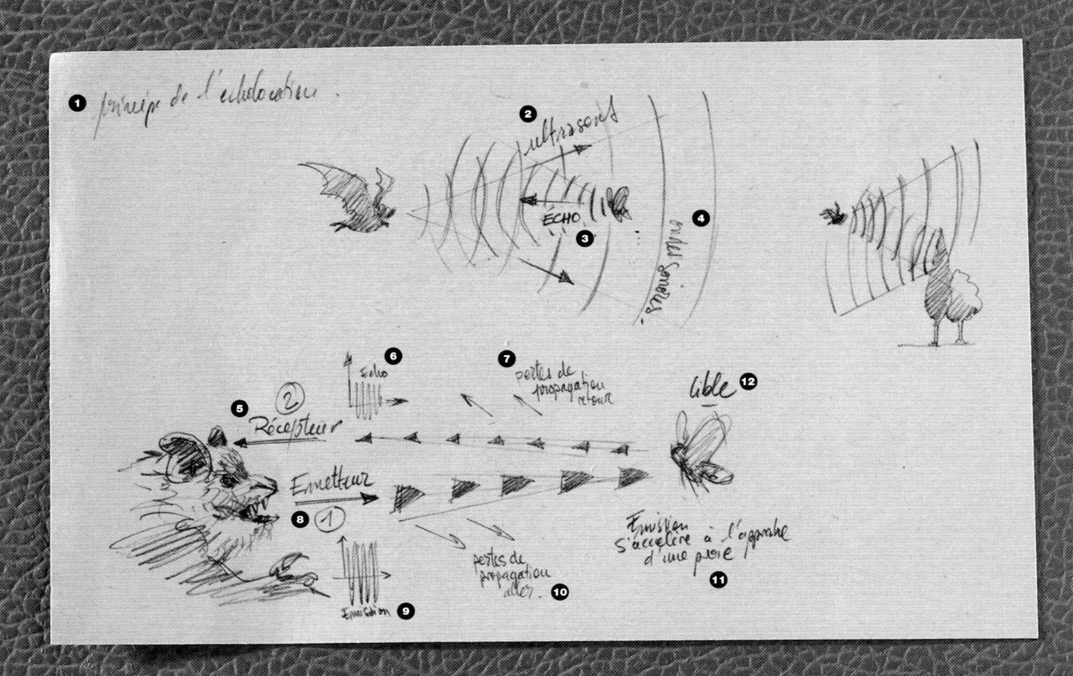

1 回声定位原理
2 超声波
3 回声
4 声波
5 接收器
6 回声
7 返回的损耗
8 发射器
9 发射
10 发射的损耗
11 接近猎物时加速发射声波
12 目标

蜜蜂

Apis（蜜蜂属），蜜蜂科

●群居性驯养昆虫，被养殖来生产蜂蜜。●躯干呈褐色，生有密毛，有两对膜质翅（前后翅在飞行过程中是连在一起的），以及6只末端带钩的足。●腹部分为6或7段，由几丁质薄片连接。●躯干长约1.5cm，只有蜂后能够达到2cm。

下一页图片 >>>>>>>>>>>>>>
Apis mellifera（意大利蜂）及其蜂巢

理想的统治？

从古埃及到拿破仑时期，蜜蜂都被视为王族的代表——以及对王族权力的屈服……蜂群，作为有组织和有活力的社会，扮演着屈从和高效的典范角色，蜂群代表着一直勤勉工作、至死方休的臣民，一个没有缺陷的组织和一个无可比拟的角色分配方式——君主专制的模范。不过这样的模范不一定是工人们或者工蜂们所期待的。

六边形的秘密

以蜂窝结构实现最少的浪费。

是一位希腊数学家最早正式提出这一难解之谜：在公元4世纪，亚历山大学派的帕普斯（Pappus）探讨了几何学历史上所说的“蜂窝猜想”。“凭借一种不可思议的策略感，”帕普斯说道，“蜜蜂选择了六边形，因为这种结构所需的材料最少。”证明这个猜想的难点就在于以数学的方式展示，为什么六边形的排列是最节约的“铺砌方案”。换句话说，为什么蜜蜂所造的蜂窝能够在耗费最少蜂蜡、不浪费任何空间的情况下，储存最多的蜂蜜。不单单是帕普斯束手无策，即便是在接下来的十几个世纪里，数学家们都在这个题目上无果而返。蜜蜂因此成了一道几何学难题的作者……达尔文也对这个问题有兴趣，他认为六边形的储存效率应归功于自然选择：耗费最少蜂蜡的蜜蜂胜过了它的别的同类，因此未被淘汰。

幸运的是，我们没有等到这个猜想被证明才开始模仿蜂窝的几何形状。蜂窝的设计自几个世纪以前就开始被模仿用于铺砌（这一次是建筑意义上的）、存储和装饰。另外，蜂窝是牢固的典范。在20世纪80年代中期，对蜂窝的模仿促生了一种新型材料：“蜂窝结构”材料。这些材料（大多数是由树脂以及玻璃纤维制成）都是由空洞“蜂窝”组成的夹心层结构。蜂窝的“灵魂”使得新材料既轻盈又牢固，而且尤其耐压。三十多年来，它们被用于汽车工业、航空业、建筑业……如今，蜂窝结构还在疏通雨水方面找到新的用途，它们的空洞结构使得它们能够蓄雨防洪。

符合帕普斯直觉的定理直到1999年才被美国人托马斯·黑尔斯（Thomas Hales）证明。这就寓示，我们永远不要低估简单的事物。

当计算机与蜜蜂跳舞

教会计算机用蜜蜂的模式进行沟通，这是有可能的，而且甚至是很有用的。因为蜜蜂的舞蹈不仅能够指明花粉的方向，而且能够调整工蜂们的行动。当一处花粉没有被采尽时，返回的工蜂就会在蜂巢前舞蹈，以派出别的工蜂；但慢慢地，会出现越来越多这样舞蹈的蜜蜂，它们能指出另一个更好的采集地，吸引大多数工蜂的注意……美国佐治亚大学的研究人员据此开发了一款软件，使得服务器能从众多任务中选出最主要的任务。方法就是，利用一个虚拟的“舞蹈区”，在产生更少通信量的情况下，让超负荷的服务器将“注意力”（也就是资源）吸引过去。

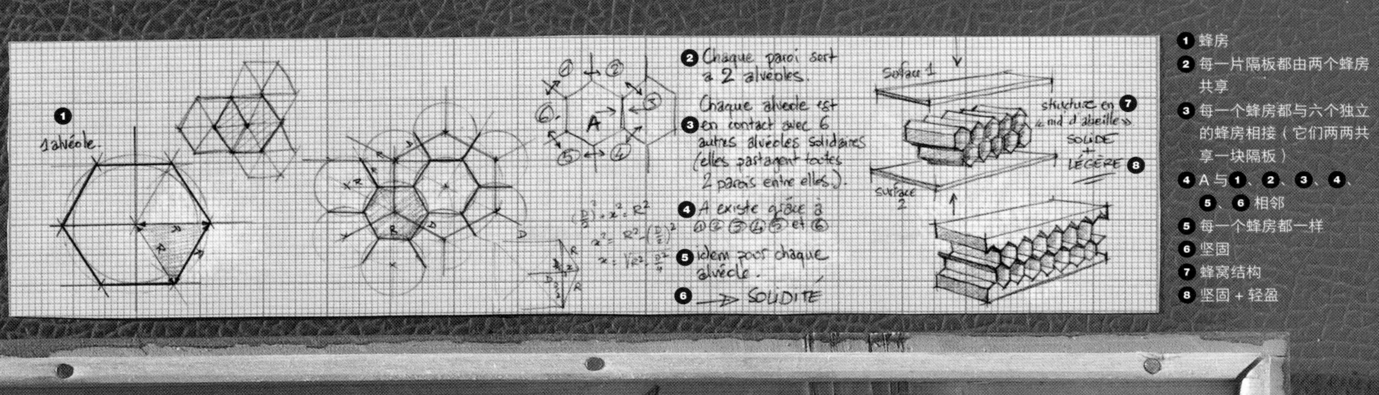

1 蜂房
2 每一片隔板都由两个蜂房共享
3 每一个蜂房都与六个独立的蜂房相接（它们两两共享一块隔板）
4 A与1、2、3、4、5、6相邻
5 每一个蜂房都一样
6 坚固
7 蜂窝结构
8 坚固 + 轻盈

胡蜂

Vespidae（胡蜂科），膜翅目

●肉食性或寄生昆虫，群居生活。●形态上与蜜蜂相近：头部有触须和上颚，胸部有6只足和2对翅膀。●与蜜蜂不同，它们的腹部有黄黑相间条纹，无毛。●雌性有产卵管，位于腹部末端。●胡蜂是具建筑能力的昆虫，它们能建造纸质巢穴。

下一页图片 >>>>>>>>>>>>>>
Polistes dominula（造纸胡蜂），
Vespa velutina nigrithorax（黄脚虎头蜂）

胡蜂的房子

不是所有的胡蜂都用纸来建造蜂巢：蜾蠃蜂用黏土或者泥浆。在我们像胡蜂那样掌握了通风系统后，黏土就是一种绝佳的隔热材料。有些人确信普韦布洛印第安人用黏土（或者土砖）建造的住所就是从蜾蠃蜂那儿得到的灵感。

造纸的秘密

是胡蜂教会了我们如何造纸吗？中国人认为：在公元1世纪，汉代的“工业部长”蔡伦记录了纸张制作的工艺。在他的论著中，他写到自己是通过观察胡蜂学到这门技术的。即便蔡伦对历史真相做了点自由发挥：考古学家知道，在蔡伦写下这些工艺的约400年前，中国就已经有人造纸张了——胡蜂从一开始就进入了纸张制造的历史，而它的角色不止于此。

以植物纤维制作的纸，胡蜂的“发明”。

蔡伦“发明”的纸就是欧洲的“布浆纸”，或者叫“亚麻纸”。中国古人碾碎植物（亚麻、大麻、竹子或者桑树皮）的纤维来生产纸。为了让纸张更加柔顺，他们会加入已经编织过的纤维：碎布、渔网和缆绳碎片。

渐渐地，战争和游记向西方带去了中国的制造秘密。自中世纪末期起，欧洲人就开始造纸——通过磨坊磨碎旧衣裳。

等到启蒙时期，通过勒内-安托万·费尔绍·德·雷米尔（René-Antoine Ferchault de Réaumur），胡蜂才重新加入进来。在18世纪初期，这位学者就发现，即使法国人“通常喜欢保持整洁并经常换衣服……但旧衣裳的数量却没有上升，反而纸张的消耗似乎与日俱增”。正是在这时候，他观察到胡蜂啃噬他窗口的木头来筑巢。与蜜蜂不同，胡蜂没有产蜜蜡的腺体，因此它们会使用一种建筑材料——木头的纤维，胡蜂会将木头嚼碎，并混入它们的唾液。正是这个发现使得雷米尔能够创造一种新型的纸张——“箱板纸”，方法就是从木头的纤维中提取纤维素，研磨后再重组。直到今天，我们都没有找到更好的生产方法……当我们将纸浆的发明归功于雷米尔时，我们还应该感谢他建立了昆虫学的最初基础。

空间钻孔机

巨型马尾姬蜂（*Megarhyssa ichneumon*），一种生活在美洲森林的巨型胡蜂，雌性的产卵管长达10cm——也就是胡蜂自身体长的三倍。这种胡蜂用它刺穿树木，将卵产在它寄生的树中幼虫的体内。这种产卵管十分灵活，能够毫不费劲地穿过几厘米厚的木头。这种钻孔系统被英国的研究者们模仿，专门用于生产空间探索仪器——一种超轻的钻孔机，它非常节能，并且使用了胡蜂的双针协同系统：一根针用来钻孔，另一根配有空腔，以便在钻孔时运出碎屑。

Fig. 1
Fig. 2
Fig. 3
24/08/2010
Toulouse (31)

苍蝇

Musca（蝇属），家蝇科

●成虫长度为 5～10mm，身体被毛。●胸部灰色，背部有黑色条纹，腹部颜色较浅。●苍蝇只有一对翅膀，第二对翅膀极其短小，已退化为平衡棒，可在飞行中协助保持平衡。●下唇退化为喙，前端分为一对唇瓣，通过唇瓣与舌之间的食物道吸取食物。

下一页图片 >>>>>>>>>>>>>>
Tabanus cordiger（穿蝇虻）、
Tabanus intermedius（中间虻），
Tabanus fulvus（黄褐虻）

抗反射的眼睛

化石苍蝇的眼睛使最初的太阳能板效能得到提高。

当苍蝇的眼睛首次启发一种人类发明时，那只苍蝇已经存在 3,500 万年了！至于这一发明，只需追溯到 20 世纪 50 年代，当时人们正在寻找一种抗反射装置来提高最初的太阳能板的效能。事实上，最初的光生伏打电池（组成太阳能板的材料）会像镜子一样反光，它会让一部分本来可以转化成电能的光线逃走。一位英国研究者从苍蝇的眼睛里找到了解决方案——那是一只包裹在波罗的海中的琥珀里的苍蝇，它属于始新世时期，也就是哺乳动物和鸟类刚刚出现的时期……有意思的是，科学家几年之后才意识到，今天的苍蝇有着与它们的化石祖先一样的抗反射装置。

苍蝇的眼睛有什么了不起的呢？首先，根据生物学术语，这些眼睛是"复眼"，也就是说，不同于我们靠数个器官协同工作才能展现一幅图像，苍蝇是通过由数千个紧密排列的微型眼睛组合而成的复眼来展现图像。这些眼睛中的每一只都向大脑传递它所捕获的那部分图像，再由大脑将整个图像重新组合。苍蝇都看到什么了？也是图像，与我们看到的一样，不过是立体的——而且几乎是 360° 的。

为了确保每一只眼睛都能最好地接收光线，高效抗反射显得尤为重要。为此，每层角膜上都覆盖着微型的突起——直径只有大约 200nm，在光学显微镜下几乎无法被看到。这些突起的尖端使得阳光逐渐地与眼睛接触，也就避免了反射。

对化石苍蝇的研究能改良最初的光生伏打电池，而一些更新的仍以苍蝇为模型的研究能使同一块板减少 2% 的反射光，这足以为太阳能打开一个美好的未来。

动物策略

灵活的苍蝇脚

苍蝇怎么做到在天花板上行走的呢？多亏了它们的脚末端的两个"爪子"。这些突起上都覆盖着刚毛，如同壁虎的脚（见第 90 页）。不过，不同于壁虎的是，苍蝇的刚毛能分泌一种黏性物质，使它能黏附在支撑物上。至于要脱离黏附时，苍蝇会做一个旋转的动作，如果这还不够的话，它会用另一只脚的爪子来帮忙。这种湿黏附系统吸引了研究者的兴趣，他们尝试生产一个同样的人造系统。

苍蝇，飞行冠军

苍蝇在飞行中的反应速度比任何一位战斗机飞行员都更快，只要突袭它一下就能明白。苍蝇的飞行本能同样也比（目前的）任何一种自动驾驶系统更加完美。其中的一个原因就是它的感知速度：它一秒钟内能看到 150 到 200 张图像（每秒 24 张图像就可以做成一部电影了）。现在已经出现了像苍蝇那样通过处理视觉信息来改变飞行路线的软件。目前来说，对科学家们的挑战就是让这些软件在现实环境中能自主运行。

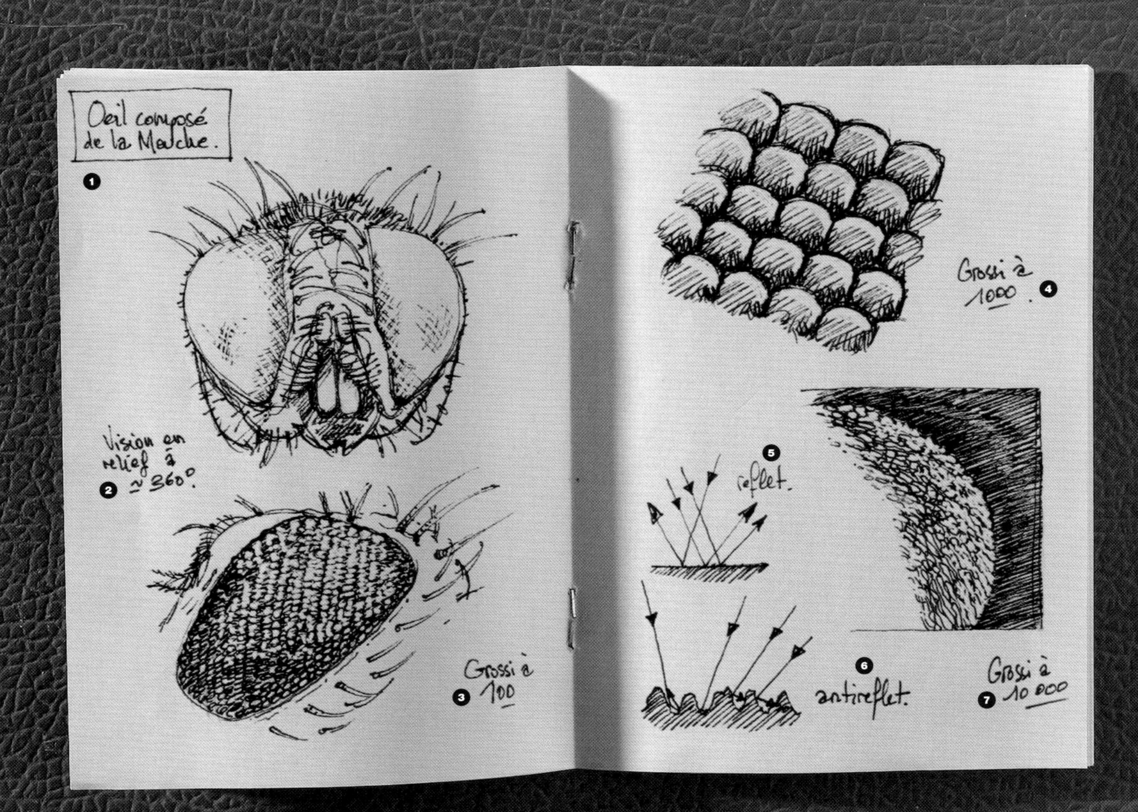

1 苍蝇的复眼
2 立体视像≈360
3 放大 100 倍
4 放大 1，000 倍
5 反射
6 抗反射
7 放大 10，000 倍

蜻蜓

Odonata（蜻蜓目），昆虫纲

●体形修长的昆虫，两对膜翅，彼此独立运动。●蜻蜓是一种猎食性昆虫：头部为圆形，眼睛突起，这种构造使它能在飞行中发现猎物。●蜻蜓的幼虫是水生的，成虫为陆生。●至少存在5,000种蜻蜓。

下一页图片 >>>>>>>>>>>>>
Libellula depressa（基斑蜻），
Anax imperator（帝王伟蜓），
Calopteryx virgo meridionalis（阔翅豆娘）

蜻蜓房子

建筑师尤金·崔（Eugene Tsui）喜欢从大自然中寻找建筑的模型。他从蜻蜓身上获得灵感，设计了位于加利福尼亚的雷耶斯宅（Reyes Residence）。建筑前部的房顶是由一对透明翅膀组成，以玻璃纤维为原料，房屋主人能够在天气好的日子里将它们打开……尤金·崔认为，未来的建筑不应再是生硬的，而是用可移动的结构建成，它们能够适应环境并且对环境的变化做出反应——就像植物和动物那样。

蜻蜓窗户

建筑师和画家吕克·史奇顿想象出了未来城市的样子。对他来说，未来的城市与环境更相容，因为它们会更频繁地使用活体材料：树木等植物，当然也还有直接从动物世界中获取灵感的材料。因此，在他的“植物城”里，房屋的墙壁是由一种以半透明蛋白质为基础的布料织成，它模仿了蜻蜓的儿丁质翅膀，而且是一种可全部回收利用的材料，还能像一扇窗户那样透光。这是乌托邦吗？敬请期待。

挑战重力

仿蜻蜓身体而设计的、使用液体填充系统的抗重力穿戴装置，它能让飞行员承受更强的压力。

生产出能挑战重力的飞行器是一回事，飞行员能不能承受超重的压力则是另一回事……第二次世界大战期间，这个问题就已经在飞行员身上出现了：在突然加速过后，他们感到视力模糊，甚至可能昏厥。造成这些问题的原因是加速所产生的压力：它使身体的血液流到下半身，阻止大脑得到应有的氧气。因此，一种能阻止或减小重力效应的保护装置就变得十分必要。最初的抗重力装置在20世纪50年代就已经面世，不过它们的效果非常有限。

在20世纪80年代末，瑞士和德国的一队工程师想求教于一位杂技飞行和加速飞行的专家：蜻蜓。蜻蜓习惯于闪电般地起飞，它能够毫不费力地承受30G的压力——而人类只能承受3~5G。秘密在于：它的血液并不是被困在血管里，而是在整个身体里自由流动。它的心脏，与它的其他器官一样被液体包围，这种液体处于持续的流动中，作用就像一个能抵抗和减缓重力冲击的缓冲物。

就这样，一种新型的抗重力穿戴装置被发明出来了，它叫做“水蜻蜓（Libelle）”。不同于空气垫系统，这种“抗-重力（anti-G）”穿戴装置的保护飞行员的能力来自液体填充系统：它有4条管道，充满了水，从肩膀一直延伸到脚踝。管道中的水含有抗冻剂，以应对飞行员可能在高空中被弹射出舱的情况；而且在水上迫降的时候，“水蜻蜓”甚至能起到救生衣的作用。

列奥纳多·达·芬奇的飞行器

在15世纪末期，当列奥纳多·达·芬奇专注于建造一架飞行器时，他最初的研究飞行机制的手稿上画的并非鸟类，而是蜻蜓。虽然达·芬奇的各种设计图都没有让一架能飞行的机器建成，但他的观察还是为理解飞行的原则奠定了最初的基础。在21世纪，蜻蜓的彼此独立的翅膀或许能作为模型，启发人们发明新型的机翼或者直升机的概念——尤其出于蜻蜓对猛烈加速的良好控制。

闪蝶

Morpho（闪蝶属），蛱蝶科

●闪蝶属：下分 80 个种类。●呈闪亮蓝色的蝴蝶，生活在中美和南美的热带森林中。不是所有的闪蝶都是蓝色的，某些是白色的，还带有闪亮的红色。●翼展达 7.5 ~ 20cm。生命周期大概有 140 天；成虫期大约一个月。

下一页图片 >>>>>>>>>>>>>
Morpho didius（欢乐女神闪蝶）

动物策略

可见且被保护

凭借它的蓝色光亮，闪蝶在昏暗的热带雨林中在数百米外就能被看见。对于雄性来说，将自己变得显眼能吸引更多的雌性，并且能向远处的潜在竞争者宣示自己的存在。不过闪蝶的显眼并不会令它成为一个容易被捕捉的猎物：在飞行时，它的翅膀的闪烁会让想捕食它的鸟类眼花缭乱。

消失不见

蝴蝶能利用光使自己变得可见，根据目前在研究中的计划，我们或许能以同样的方式达到相反的效果：让自己变得不可见。这是一项值得认真研究的计划：以与闪蝶从光谱中捕获蓝色一样的方式，我们能想象一种不会反射任何光波的表面——因此变得不可见！

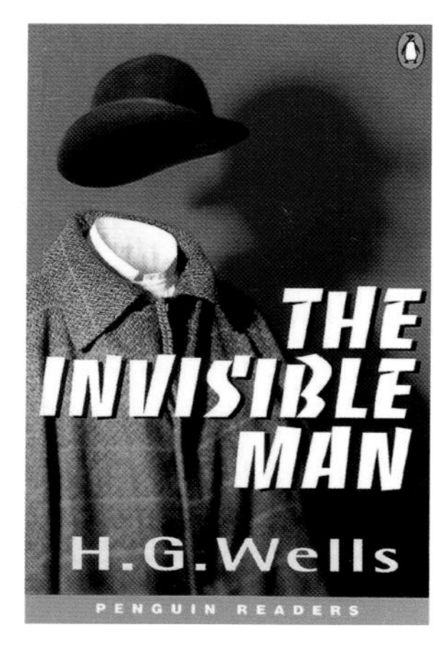

光的游戏

闪蝶因为它的美妙蓝色而声名在外。不过，事实上，它的翅膀并不是真的蓝色，因为它们的颜色并非源于色素，而是源自一种光学效应。秘诀是什么呢？闪蝶的翅膀布满了数百万的角蛋白鳞片，这种角蛋白与组成我们的头发和指甲的蛋白质是同一种。这些部分透明的鳞片的排列方式使其能随意调整光线并且增强反射——因为闪蝶生活在阴暗潮湿的热带雨林中，所以这种能力显得更加可贵。不过，更重要的还是闪蝶的鳞片的排列方式让它们能反射可见光谱中的蓝光，而且仅限于蓝光。出现在太阳光下时，闪蝶的翅膀马上就会现出蓝色亮光。而失去光照时，闪蝶不仅会失去它的绚丽颜色，而且它的翅膀也会显出深棕色——即本身色素的颜色。

可靠的电子标签技术。

闪蝶色彩绚丽的鳞片让研究者们着迷，尤其是纳米科技研究者。通过研究，蝴蝶的翅膀启发了“射频识别（RFID）”技术的某些方面，尤其是我们熟知的电子标签技术，这些标签通过检测无线电波而运行。问题是，当标签被别的尤其是容易偏转电波的金属或液体包裹时，怎么才能让标签保持效用？解决办法就是模仿闪蝶的鳞片结构，它们是反射电波的冠军。

闪蝶的翅膀还启发了新一代平板显示器（所用技术基于“IMOD”，并以 Mirasol 之名进行推广）的发明。这些屏幕已经在某些手机上得到试用，它们只利用周围环境中的光：不同于等离子屏幕或液晶屏幕，它们不需要背光。与闪蝶的翅膀一样，它们的颜色也只是来自它们获得的光波。这项发明的最大好处是它能避免反光带来的可视性问题。不管它朝向哪一个方向，这种屏幕总是能将同样的图像返给它的使用者，因为图像本身就是靠光波制造出来的。

未来的颜色

将来的衣物不再羡慕闪蝶的绚丽颜色？通过模仿蝴蝶的鳞片，一些布料生产商已经成功地生产出多彩的布料——不用染色和涂料，只是通过改变纤维的厚度和结构。这种上色方法或许还能够应用于金属；长远来看，闪蝶的“技术”或许更加节约，尤其可以减少如今的染色方式所产生的大量污染。

1 蓝闪蝶
2 角蛋白鳞片
3（疑为“反射”）
4 过滤基板
5 环境光
6（疑为“通过反射过滤蓝光”）
7 过滤器
空气
8 “开启”
9 反射的薄膜
10 发出颜色
11 无背光屏幕

天蛾

Sphingidae（天蛾科），鳞翅目

●天蛾科，体型较大，体粗壮且被毛。●翅膀狭长，适于高速飞行（可达 50km/h），以及悬停。●大部分的天蛾以花蜜为食，并且拥有长长的喙管。●天蛾夜出活动，不过某些种类也能在白天活动。●存在超过 1，000 种天蛾，在世界所有地方都有分布。

下一页图片 >>>>>>>>>>>>>>
Adhemarius gannascus（美洲天蛾），
Hemaris fuciformis（黑边天蛾），
Oryba kadeni（皂金花天蛾）

扑翼飞行之王

以天蛾为模型的虫形飞机，已经准备好向火星进发。

如果说过去的探险家们能开拓未知土地，依靠的是他们的马或拉车的狗，那么将来火星上的探险家依靠的就是——天蛾，一种大型蛾类。更确切地说，是依靠一个（几乎）全赖天蛾才得以发明的小机器人：虫形飞机（Entomopter）。虽然说我们还会怀疑火星居民的存在，但虫形飞机是确实存在的，而且它与美国宇航局的结伴旅行已被真正地提上日程。

罗伯特·米切尔森（Robert Michelson），虫形飞机之父，曾对天蛾产生了兴趣，首先就是因为它的飞行。这种蛾类不仅打破了飞行速度的纪录（它是飞行速度最快的昆虫，最高速度可达 50km/h），而且它的翅膀拍打速度也很出众。同蜂鸟一样，天蛾也是用喙管吸食花冠中的花蜜，而且它也同样完美地掌握了悬停的能力。它甚至能以出色的速度横向移动，这种能力是为了躲避可能隐藏在花丛中的捕食者。因此，天蛾的飞行技术对于探索火星来说是无可匹敌的：火星上的气压那么低，一个有固定翼而不是扑翼的器械必须始终保持 400km/h 的速度，所以这样的器械既不能起飞，也不能着陆……

但虫形飞机却能完美地解决这个问题，因为它模仿了昆虫的“腿脚”。它不仅能在火星上低空飞行，同时录像，而且还能在地面上行走——它具有比任何轮式运载工具更好的稳定性。虫形飞机能停在一块岩石的尖顶上，也能降入悬崖，而且还能毫无动静地起飞——就像一只真正的天蛾。这种小小的空中机器人甚至还配置了一根天蛾的“喙管”，用来提取火星地面的土壤样本。

当达尔文发现一种天蛾

凭借它们的喙管，天蛾在某些花的传粉过程中扮演着非常重要的角色，甚至某些天蛾和某些花互相依赖。因此，当达尔文听人说到马达加斯加的彗星兰（他的同时代人刚刚发现的一种兰花）时，他就预言说人们会在岛上找到身体特征对应于那种花的天蛾……不过达尔文受到了同时代人的嘲笑。但在达尔文死后，他所说到的天蛾确确实实被发现了；这种天蛾被命名为马岛长喙天蛾（*Xanthopan morganii praedicta*）——最后一个词（*praedicta*，预测）是向达尔文的预言致敬。

动物策略

躲避声呐的翅膀

为了躲避它的主要猎食者——蝙蝠，天蛾进化出了能骗过超声波的办法。

覆盖天蛾躯干的毛能吸收蝙蝠发出的超声波，而且天蛾还能突然改变它的飞行路线，变成自由下落。不过最让研究者们佩服的招数，就是它的不规则的鳞片。在微观层面上，它翅膀上的图案是模糊不清的，就好像它的鳞片是随意分布的。事实上，这种模糊表面的作用是干扰蝙蝠的声呐图像：天蛾的翅膀能产生一种真正模糊的效果，以此骗过超声波！

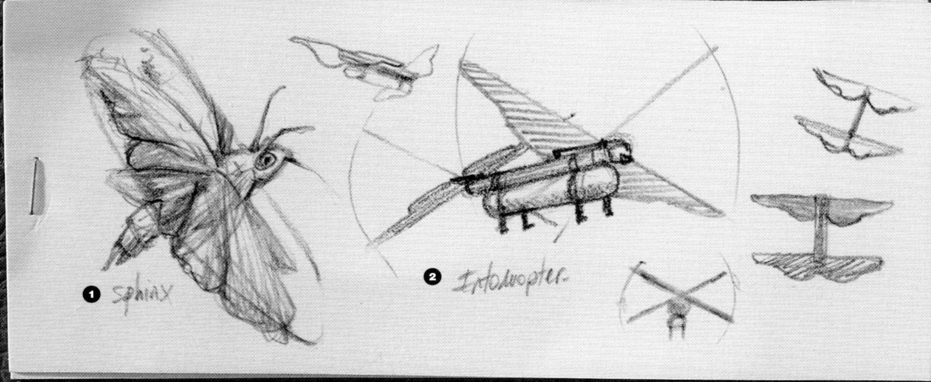

1 天蛾
2 飞行器

尺蠖

Geometridae（尺蛾科），鳞翅目

●尺蠖是尺蛾科（有超过20,000个种类）昆虫的幼虫，大部分都是夜间活动，且体型较小。●这种毛虫（或者说幼虫）只有三对足在胸部，两对在腹部的末端；它通过身体前后部分的不断伸缩来进行移动。●长度为1～2cm；颜色为绿色或棕色，与所处环境相似。

下一页图片 >>>>>>>>>>>>>
Angerona prunaria（李尺蠖），
Ourapteryx sambucaria（接骨木尾尺蛾），
Semiothisa clathrata（奇尺蛾），
Abraxas grossulariata（醋栗尺蠖）

动物策略

拟态学

对动物来说，拟态学是通过模仿所处自然环境的状态以避免被猎食者发现的一种策略。尺蠖能够将自己装扮得与它的环境相同，因为它懂得变换身体颜色，这是一种被称为“保护色”的自我保护方法：吃叶子的那类尺蠖会变成鲜艳的绿色，在树上或枯叶堆里生长的那些尺蠖则是褐色或米白色。在遇到危险时，某些尺蠖能将拟态学往更深远的方向推进：它们能以“后腿”为支撑，竖直身体并保持着竖立姿态，（有时候）就能伪装成细枝，躲过鸟儿细致的搜索。

微型引擎

一条毛虫启发了一种引擎的发明？这难以置信，不过事实就是如此。故事始于20世纪70年代，当时的光学和摄影技术的发展催生了对绝对可靠的微型引擎的需求。比如，当我们需要快速地将一块镜子移动几毫米并且不产生振动时，当时已有的系统都束手无策。为了解决这个问题，工程师们产生了向一条小毛虫求助的想法……

石英钟表的发明很大程度上要归功于尺蠖的动作。

园丁们都熟悉尺蠖，因为它会食害叶片。它的名字来源于它的移动方式，这种移动方式让人想到以前的土地测绘员测量距离时挥动绳子的方式。（尺蠖的法语名为 *chenille arpenteuse*，土地测绘员的法语名为 *arpenteur*——译注）

因为尺蠖身体中部没有足，它先用腹部末端的尾足固定后半段身体，然后将身体往前伸来实现移动。接着，通过前部的腹足固定胸部，再将身体的尾部往前拉，这会使它的身体在移动过程中形成一个环。

正是这一组动作启发人们想到了光学引擎的解决方法。同石英手表一样，光学引擎也由“压电”系统组成。它们并不像内燃机汽车的引擎，而更像电动汽车的引擎：利用电荷的移动来产生能量和动作。

尺蠖的形态，让生产一种新型引擎变得可能：这种新型引擎通常使用压电传动装置（也就是能量转换器），不过它们能够在能量移动的循环中达到平衡——以与尺蠖移动相同的方式。这种移动方式能够避免任何的能量浪费，还能因此提供纳米级别的精准度。这种引擎以“尺蠖驱动器”之名为人所知，我们通常会在高精度光学仪器中发现这种引擎。

毛虫与履带

是毛虫（昆虫）启发了（推土机的）履带的发明吗？这不太可能，即便履带技术的其中一位发明者——乔治·凯利（见第38页），是仿生学的先驱之一。然而，毛虫（不只是尺蛾的毛虫）在移动时似乎没有离开地面，而是利用它的足前进。但一种运载工具的履带正相反，它的原理是将重量分散在一个比轮胎更大的表面上。这种运载工具是以它的整个长度与地面接触的——与毛虫这种动物不同。因此，毛虫只是在名称上“启发”了履带。（法语中，毛虫与履带都叫 *chenille*——译注）

蟋蟀

Gryllidae（蟋蟀科），直翅目

●夜间活动昆虫，颜色为棕色或黑色，身体扁平，触须细长。●后腿高度发达，适合跳跃，有两对翅膀；大多数种类的翅膀已经失去了运动机能，只用于发声。●雌性拥有长条的产卵器，可据此区分雌雄个体。

下一页图片 >>>>>>>>>>>>>>
Acheta domestica（家蟋蟀），
Gryllus campestris（田野蟋蟀）

一个高保真的洞穴

高音蝼蛄（*Gryllotalpa vineae*），这一类蟋蟀的雄性拥有一种会让闹铃腕表的发明者们自愧不如的技能：为了扩大它的尖鸣声的传播范围，它们会挖出带两个洞口的洞穴。这样的双洞口能够发挥扩音器的功能，就像有犄角外形的大喇叭留声机……蟋蟀的洞穴或许能够教导建筑师们更好地利用四周的地形，改良建筑的声音效果。

确定声音来源

蟋蟀用它们的足来听：在两只前足上各有一个声音接收器。这两个接收器与另外两个位于胸腔的接收器相连。这 4 个接收器能引导昆虫找到声音的来源：靠近声源方向的接收器震动得更加明显；越靠近声源，这 4 个接收器的震动越和谐。这个系统已经通过软件建模，它将来能帮助开发一种用于确定声源位置的工具。

歌唱家

关在一只腕表里的蟋蟀放声歌唱。

“手心握蟋蟀，平原皆知悉。”一句非洲谚语如是说。这大概也是物理学家保罗·朗之万（Paul Langevin）向窝路坚家族的钟表匠所说的。在 1940 年，当他参观窝路坚家族珍贵的钟表工厂时，这位科学家对技术人员正尝试解决的棘手问题——如何在腕表极有限的空间里，安装一个足以叫醒沉睡的人的发声装置——提出了自己的意见。好几年来，窝路坚手工工厂的钟表匠们都在徒劳地尝试着生产一种名副其实的闹铃腕表。保罗·朗之万确信这样的装置是可以制作出来的，因为它已经存在于大自然中：身形小巧的蟋蟀能发出在十几米外仍清晰可辨的声音。保罗·朗之万的意见开辟了一条新的研究道路。

蟋蟀用它的翅膀“歌唱”，或者尖鸣。它的鞘翅（前部的硬翅）底部的边缘有一排锯齿，就像一把梳子那样；昆虫用它的鞘翅的顶部，像利用一把琴弓那样摩擦另一片鞘翅的锯齿状底部。平展的鞘翅实现了共鸣箱的功能，由此才有了夏夜的声声入耳……通过研究蟋蟀，窝路坚家族的钟表匠们明白了共鸣箱的重要性，因此在双层底内嵌入了薄膜来模仿蟋蟀鞘翅。他们还想让腕表发出同样的尖鸣，也就是以特定的频率发出同一个音符……最终，在 1947 年，第一只闹铃腕表“蟋蟀”诞生了，它也是窝路坚庞大系列的第一只。“蟋蟀表（Cricket Watch）”还有大好的时光等着它。

闹铃腕表得以传承多亏了美国总统艾森豪威尔，他将它称为“总统表”。自此以后，每一任美国总统都会在上任之时获得一只从蟋蟀身上获取灵感的闹铃腕表。这样一种发明其实很有戏剧性，因为我们知道中国古人那么喜爱蟋蟀的叫声，他们会将蟋蟀关在他们的房间里，以便安心睡觉……

动物策略

趋声性

趋声性，是指依据声音来源进行移动的能力。蟋蟀就提供了一个范例。并不是所有的蟋蟀都会鸣叫：只有雄性才会鸣叫，目的是吸引雌性并完成交配，或警告它们的竞争者，也就是说，它们会创造出一种声音领地。其他蟋蟀的声音接收器会将它们引向“正确的”方向：雌性趋向有交配可能的雄性，而竞争者就会远离这片已经被占据的区域。蟋蟀的趋声性为研究者们所熟知，这个系统所需要的不同器官都能被复制生产并且植入到机器人身上。

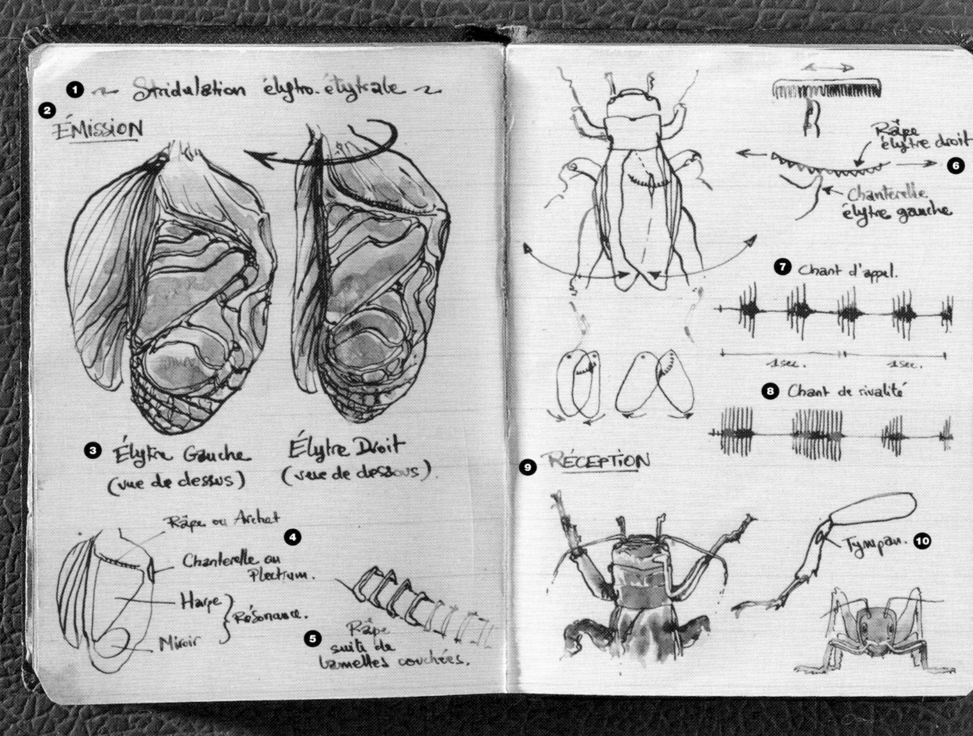

1 尖鸣声
2 发出
3 左鞘翅（正面）
右鞘翅（背面）
4 （从上至下）锉或弓
弦或拨子
竖琴
共鸣
镜子
5 锉
平放的成串薄片
6 锉，右鞘翅
弦，左鞘翅
7 呼叫的鸣唱
8 竞争的鸣唱
9 接收
10 耳膜（鼓膜）

蜣螂

Scarabaeus sacer，金龟子科

●俗称屎壳郎，鞘翅目昆虫，外形浑圆。头短小，附着在身体上。颜色为亮黑色，身长25～30mm。●前肢粗壮，带锯齿。●食粪动物，以牛粪为食。常将粪便制成球状，在粪球内产卵，幼虫以粪球为食。

下一页图片 >>>>>>>>>>>>>
Coleoptera scarabaeidae
（鞘翅目金龟子科）

动物策略

团体协作?

蜣螂的观察者们将蜣螂视为劳动模范，在很长一段时间里他们都相信蜣螂会团体协作。有时候，我们会观察到，当一只蜣螂搬运粪球有困难时，它的同类就会马上过来接力。不过，直到有了昆虫学家让-亨利·法布尔（Jean-Henri Fabre）的耐心观察之后，人们才明白，事实上，蜣螂并不是要帮助它们的同类，而是要偷走粪球并且为自己储存起来……

甲虫与轮回

在古埃及，人们认为蜣螂掌握了复活的秘密。产生这种信仰的原因或许是，蜣螂将蛹包裹在自己的茧中，这与木乃伊相似；又或许是蜣螂产卵的地下洞穴与古代墓室相似……
古埃及人为逝者献上以孔雀石制作的蜣螂，盼望逝者能够像这种昆虫那样，进入另一种生命的循环。

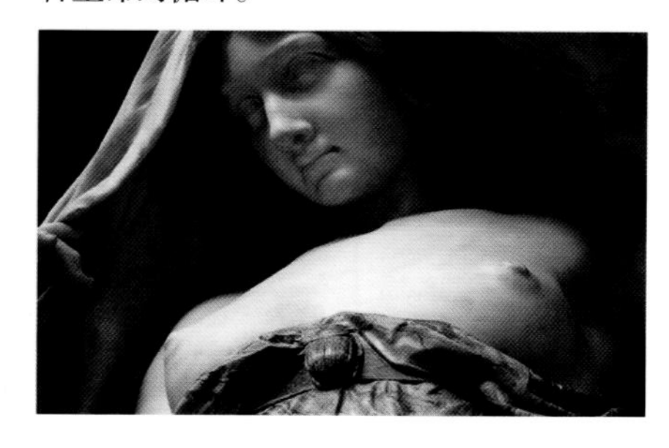

轮子的发明

古埃及人认为是它使太阳在每天早晨升起，并在每天晚上将太阳推到地平线的另一侧。在他们看来，蜣螂就是与太阳有关的神凯布利（Khepri）——这位神因诸多天赋而为人们所尊崇和赞颂。不过，如果古埃及人认为甲虫推动着太阳，那么他们是否萌生过模仿甲虫而发明轮子的主意呢？我们知道，最初的轮子出现于公元前3500年的美索不达米亚。因此，当时的埃及人已经知道制作轮子的方式，即便他们在建造金字塔时并没有使用轮子。

呈完美圆形的轮子，以蜣螂“制成”的粪球为模型。

希腊人则将轮子的发明归功于一位克里特岛的工程师，梅塔杰尼斯（Metagenes）。在与他的父亲协力建造世界七大奇观之一——以弗所神庙（即阿尔忒弥斯神庙——译注）时，梅塔杰尼斯或许就产生了模仿蜣螂的主意。古代的历史学家们记载，为了运输石材，建筑师为它们安装上了两个圆形木架，一头一个，因此可以滚动起来。梅塔杰尼斯还为每个轮子设计了车辙，避免石头的重量将两个木轮子带向错误的方向。

梅塔杰尼斯和美索不达米亚人都同样利用了轮子来搬运物体——这是与蜣螂共同之处。不过，蜣螂搬运粪球，是为了在里面产卵。蜣螂用它强有力的前肢切割好粪球后，就用后肢推动着粪球滚动（反方向移动）。然后，蜣螂将粪球放在安全的地方。这样，幼虫就能够在有庇护和食物保障的环境下成长……要知道，蜣螂能够推动相当于自身重量50倍的物体，这让它成为我们现今所知的最强壮的昆虫。

小蜣螂发明了轮子？这个问题或许永远没有确切的答案。我们所能知道的，就是不要错误地低估动物在技术历史上的角色。

挖掘而不黏附

一个不黏泥巴的铲或犁，这是不可能的？对于蜣螂来说，这并非不可能，它能在挖洞时从来不弄脏自己。它的身体表面有抗黏附的特质，尤其是它的微型鳞片，能够防止哪怕最细小的泥巴块黏在上面。这样的特质不仅适用于生产铲、犁和推土机的履带，还适用于生产衣物以及登山鞋。

Scarabæidæ.
Coprini.
Scarabæus sacer
Scarabæus semipunctatus
Scarabæus laticollis
Scarabæus laticollis
Scarabæus variolosus.
Copris hispanus ♂
Copris hispanus ♂
Onitis Sphinx.
Onitis crenatus.
Onitis irroratus ?
Bubas bubalus ♀
Bubas bubalus ♂
Gymnopleurus Sturmi
Gymnopleurus cantharus.
Onthophagus fracticornis.
Onthophagus vitulus.
Onthophagus verticicornis
Onthophagus taurus.
Onthophagus Amyntas.
Onthophagus emarginatus
Onthophagus ruficapillus.
Onthophagus ovatus.
Onthophagus furcatus.
Onthophagus vacca
Onthophagus lemur.
Onthophagus maki.
Onthophagus nuchicornis.
Onthophagus cœnobita
Oniticellus fulvus.
Caccobius Schreberi.
Aphodiini.
Aphodius luridus
Aphodius luridus
V. nigripes.
Aphodius depressus.
Aphodius laticollis
Aphodius rufipes.
Aphodius lugens.
Aphodius satellitius.

纳米布沙漠甲虫

Stenocara gracilipes，拟步甲科

●小型鞘翅目甲虫，表面凹凸不平。●生活在纳米布沙漠的地方性物种。●足细长，触须长，躯干紧凑，呈椭圆形；颜色为黑色或深褐色，有白色条纹。●碎屑食性动物：成虫和幼虫都主要以腐烂的植物为食。

下一页图片 >>>>>>>>>>>>>
Stenocara gracilipes（纳米布沙漠甲虫）

收集水分

纳米布沙漠甲虫低头喝水——这是一道让人好奇的风景。观察纳米布沙漠甲虫的科学家们发现，它每天早上都会撑起自己的鞘翅迎着沙漠中的风，不过他们对昆虫正在做的事情一无所知。直到他们发现，昆虫利用它们的鞘翅来捕获晨雾中的湿气，并且让这些雾水一直流到嘴边。

水剧院（The Water Theater）的设计能收集空气中的水分。

因此，问题就是纳米布沙漠甲虫如何用它的甲壳收集足够的水分来形成真正的水滴。答案出现在电子显微镜下的甲虫鞘翅上。它们的表面不是光滑的，而是布满了交替的凸起和凹陷；这些凸起上覆盖着一种亲水材质，而这些凹陷上则覆盖着一种疏水材质。纳米布沙漠甲虫的外形和这两种材质，使得雾气中的湿汽能转变为水。首先，由风带来的水汽在凸起上聚集，它们凝集成细小的水滴；在那儿，亲水性材质的静电吸引力能防止水滴蒸发或被风吹走。接着，当这些水滴变得足够大时，会因重力的作用而落下，一直沿着鞘翅的不透水的凹陷流淌，随后，倾斜的翅膀就将水滴带到昆虫的嘴边——昆虫就解渴了。

为了获得同样的效果，试验者将一些细小的圆珠嵌在玻璃板上；研究这个项目的工程师们发现，如果这些圆珠是以随机的方式分布，就像甲虫的鞘翅那样，那么效果会更好。一旦这个方案被完善，他们就能在聚合物薄膜上“打印”所谓的浮雕，这种薄膜就能在干燥的区域大规模地集水。

如果一种表面能够聚集湿气，那为什么不将它装配到建筑物上呢？这样建筑不仅能收集室外的湿气，甚至还能收集它内部产生的湿气。模仿纳米布沙漠甲虫鞘翅的聚合物薄膜尤其适用于收集从冷却塔中蒸发的水分。因此，水分能在没有多余能源消耗的情况下被循环利用，而且这些薄膜不需要维护，因为它们还具有自洁功能。

善用色彩的甲虫

●赤裸蜣螂（*Gymnopleurus virens*），南非的一种甲虫，受到了人们特殊的关注。它的甲壳能从红色变为绿色，甲壳由上千的细小薄层层叠而成，但层叠方式并不规则。它的绚丽色彩来源于“螺旋效应（*effet tire-bouchon*）”：光线在互相交错的薄层上朝不同方向反射。金属和纺织物也许能以同样的方式展现色彩。

●大力士甲虫（*Dynastes hercules*）是目前所知的体型最大的甲虫，身长17cm，它还是变色的冠军。在几分钟内，它能够从黄绿色变化到黑色。秘密在于：它的甲壳上的多孔层在空气潮湿时能浸满水分，这会阻止光线的衍射；正是衍射会使大力士甲虫呈现出光彩——当空气干燥时。这种原理或许能用于建筑，或者用于检测某些产品的质量……

《沙丘》中的蒸馏器

早在我们知道纳米布沙漠甲虫的秘密前，小说家弗兰克·赫伯特（Frank Herbert）就已经为他的小说《沙丘》中的人物设计出了一套沙漠必备套装：蒸馏器。这种生态衣物能收集穿戴者身上产生的液体和湿气并且循环利用。这样，就不会有水的浪费了。

爆炸甲虫

射炮步甲（步甲属的500多个种类之一）有一种稀奇的特性：它是世界上除人类以外唯一懂得制造爆炸的物种。因此它吸引了科学家们的兴趣，他们都为它的“燃烧室”着迷。在$1mm^3$的空间中，射炮步甲能混合两种必然会引起爆炸反应的物质，只不过它还有一种抑制剂。当这种昆虫朝它的敌人身上喷射了这种高温的液体之后，反应会在一会儿后才发生……这种“大炮”被大规模地再造，可以用来为飞机的涡轮机供气。

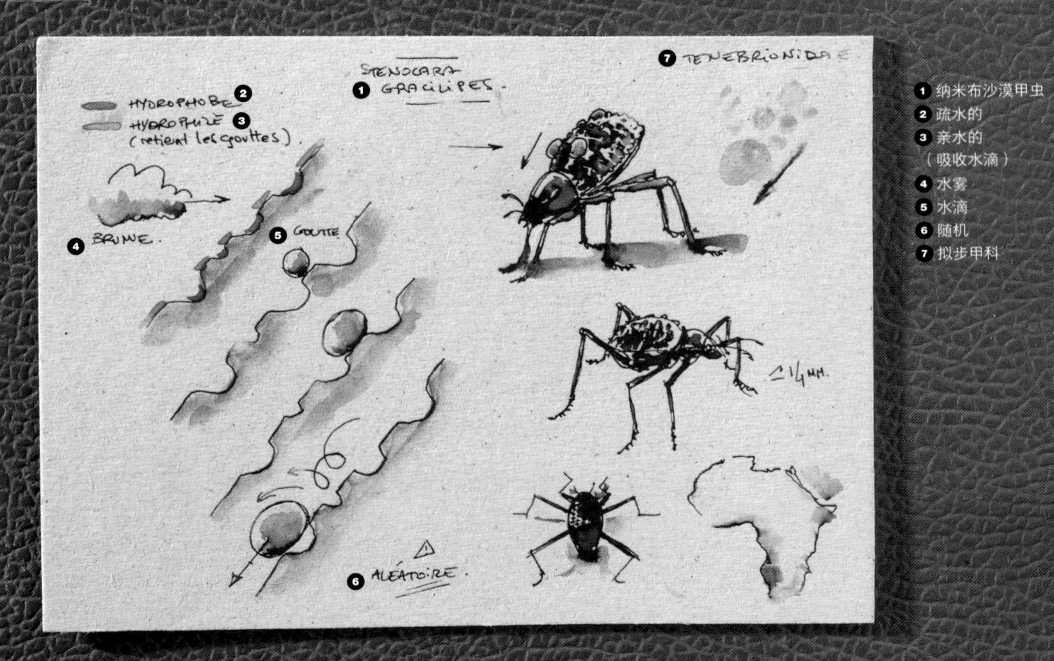

1 纳米布沙漠甲虫
2 疏水的
3 亲水的
（吸收水滴）
4 水雾
5 水滴
6 随机
7 拟步甲科

蚂蚁

Formicidae（蚁科），膜翅目

●群居生活的社会性昆虫。●蚂蚁与别的昆虫的不同之处在于它们弯曲的触角，以及胸部与腹部之间的腹柄。●只有少数具繁殖能力的个体才有翅膀。●估计存在超过 20,000 种蚂蚁；它们的身长介于0.75～50mm；颜色有黑色、红色、绿色和金属蓝。

下一页图片 >>>>>>>>>>>>>
Dinoponera quadriceps（亚马孙巨蚁），
Atta sp.（阿塔切叶蚁），
Ectatomma brunneum（外刺猛蚁），
Camponotus fellah（弓背蚁）

动物策略

蚂蚁的蜜罐

一只蚂蚁被当作蜜罐，这似乎不太可能。不过，这正是某些生存在干旱地区的工蚁会担任的角色。它们用腹部储存由同类收集来的花蜜，将自己转化成一个活的食物储藏室。这些工蚁启发了加利福尼亚一家按摩学校的一座建筑的设计，即瓦舒中心（Watsu Center）。这座建筑的设计师尤金·崔将它设计成一连串的球体，就像“蜜罐”工蚁肿胀和满布脉络的腹部。这种形状能够减少天花板的面积，因此减少直接曝露于炎热阳光下的表面积，它能给建筑带来良好的被动隔热效果。

群体智慧

向蚂蚁学习避免拥堵？……

它们无所不在。它们分布在所有的大陆上，其密度之大以至于它们的数量差不多占陆地动物总量的 20%——也就是与人类所占比例相同，但这不是蚂蚁和人类之间唯一可比之处。作为社会性昆虫，蚂蚁是群居生活的，成员互相合作，分享各自拥有的信息——蚂蚁群不断壮大并且扩展领地，就像人类那样。然而，要是说蚂蚁的行为也能教育人类呢？

与我们长期相信的相反，蚁群并不是一个等级社会：蚁后并不指挥工蚁，而且也并不比任何个体更了解蚁巢通道内正在发生的事情。蚂蚁通过交换靠触角分析的信息素来进行交流。不过这些信息素只能给出基本的信息：告知蚁群里的成员食物的健康和营养状况。如果说蚂蚁能够解决问题，比如说找到通向食物源的最短路径，那它们凭借的就是被称为“群体智慧”的集体协作。群体智慧建立在数量的基础上：因为找到了最短路径的个体更快返回，它留下的信息素踪迹就更新鲜，就会吸引更多同类，这些同类又会留下一条更显著的踪迹，以此类推……

这种行为在 20 世纪 90 年代被翻译成数学语言：蚁群算法。用此算法能够解决有名的“旅行商问题”：如何用最短的路径走完一连串的城市？蚁群算法回答了这个问题，因此也被用于设定交通工具的路线。

模拟蚂蚁的数个项目正在研发中，以期开发一种软件来避免堵车——这是昆虫们还没遇到过的问题……

沙漠里的蚂蚁和方向感

大部分蚂蚁通过自己播撒的信息素踪迹找到回蚁巢的路，但这种方式对撒哈拉沙漠里的蚂蚁（沙蚁）来说是行不通的，它们生活的环境受炎热和大风的肆虐。不过，它们还是能够完美地找回自己的路——通过太阳确定自己的位置！这种操作没有看起来那么复杂，它得益于能够探测光线方向的视觉细胞。慕尼黑大学的机器人研究者受此启发，成功地发明了一个小机器人撒拉波（Sahabot），它拥有与沙蚁一样的视觉装置，而且能以同样的方式为自己导向。撒拉波和它的模仿对象或许能够成为一种新的 GPS 系统的源头。

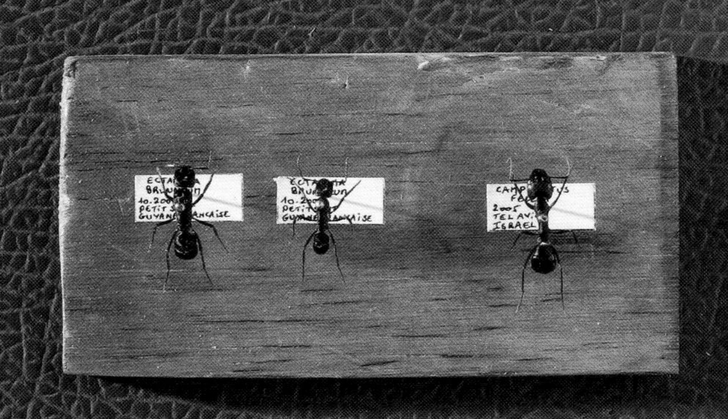

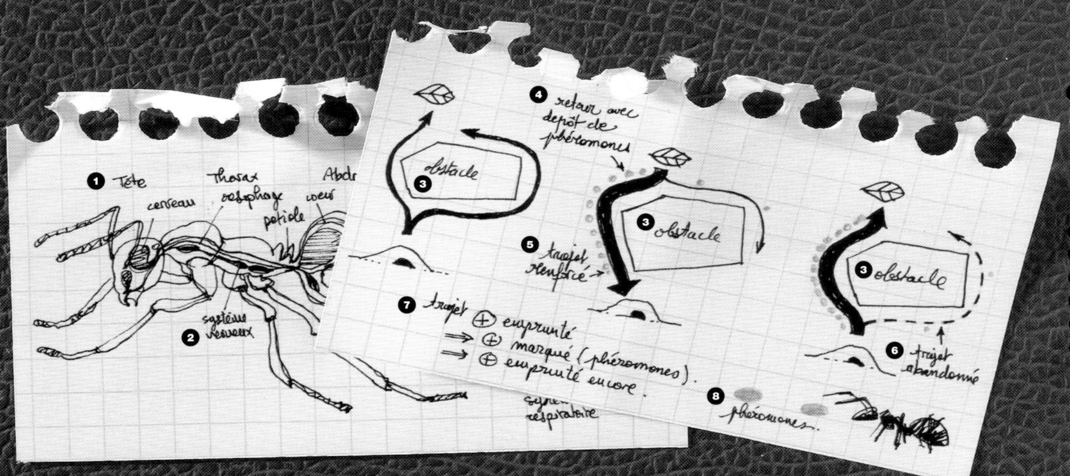

❶（从左至右）头部
大脑
胸部
食管
结节
心脏
❷ 神经系统
❸ 障碍物
❹ 信息素留存区域
❺ 路径被强化
❻ 被舍弃的路径
❼ 更多蚂蚁选择的路径
更容易识别
会有更多的蚂蚁会选择的路径
❽ 信息素

白蚁

Termitidae（白蚁科），蜚蠊目

●群居昆虫，分社会阶级，用咀嚼后的泥土建造巨大的巢穴——白蚁巢。●生长周期：不完全变态（幼虫类似成年个体）；在数次蜕变后，幼虫成长为工蚁、不生育的兵蚁，或者若虫——未来有性别的个体。●分布环境：平原草地。

下一页图片 >>>>>>>>>>>>>>
Cubitermes sp.（一种食土白蚁）的蘑菇状白蚁巢

动物策略

蘑菇孵化员

白蚁巢穴的温室里生长着一种蘑菇，鸡枞菌，这两种生物共生：蘑菇在白蚁堆积起来的木屑中生长，而且不会侵食白蚁，还为白蚁提供一种它们能消化的食物。这一切的条件就是白蚁在它们的温室中维持了适宜的温度和湿度。

建筑保护神和地质向导

在非洲的贝宁共和国，当某人没有能力为自己建造一座房子时，人们就会用从白蚁巢中获取的一些泥土，给他做一个护身符（通常是一条项链）。作为建筑师和建筑工人，白蚁就是以这样的方式来保佑人类的建设工程。在非洲，白蚁通常也是淘金者的向导——这并非毫无缘由，因为白蚁将深处的泥土挖掘出来筑巢，这正好能让人类分析底土的成分。有时候，它还能指出某些金属的存在，因此，地质学家——或者淘金者们会认真分析白蚁的巢穴。对蚁巢的分析甚至能帮助发现钻石矿层。

集体居住地和零能耗空调

能否建造一个地下城，让两百万人在此居住，养育子孙后代，储存食物，而且完全隔绝阳光和恶劣天气，保持恒定的温度？目前人类还不能做到，但白蚁却完美地掌握了这种建筑形式。在热带地区，所谓的“高级白蚁”（相对于那些住在木头里的同类而言）能建造黏土房屋——蚁巢，这些蚁巢能达到6 ~ 8m 的高度，30m 的直径。

东门中心，以白蚁的方式通风的建筑。

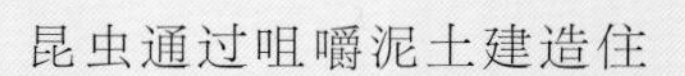

昆虫通过咀嚼泥土建造住所：混入了白蚁唾液的泥土被阳光烘烤，最后能形成一种极其坚固的材料。

这些白蚁巢有非常完美的零能耗空调系统：蚁巢中的过道和房间总是保持着不超过 23℃的温度，而在热带地区，室外的温度可以达到该温度的两倍之高。除了舒适的温度之外，昆虫们还保证了建筑物的稳定的湿度，这可是在沙漠当中……

蚁巢通常建在地面上——有时甚至非常高，不过它们的根基很深。这种圆形的地基，有些能深入到地下 2m，一直到土壤中湿润的地方。在那儿，白蚁能获得水分和清凉，并且，得益于一种稳定的热交换，建筑物能获得如其所愿的温度和湿度。这是如何实现的呢？一直通到蚁巢顶端的通风口能将热气排出；侧进气口则能为这些出风口通风，同时调节温度。

不过这还不是全部，这个系统因为昆虫的活动而不断地得到完善：白蚁不断地堵住旧的通风口并打通新的而且效果最佳的通风口——显然，正是这种不断的活动，对于人类的建筑物来说是最难模仿的……

在津巴布韦共和国首都哈拉雷，人们建造了第一座以白蚁的方式调节空气的建筑物。它是一座巨大的建筑物，包含了办公楼和一个商业中心——东门中心（Eastgate Center），它的通风系统能让地下的清凉空气在建筑内循环，并且将每一层的热气通过通向楼顶的通风口排出。这不仅有效，而且还十分环保：东门中心的能源消耗是同等规模、配备传统通风系统的建筑物的 10%。这足以让建筑师们好好思考了。

1 白蚁巢
2 湿度与温度调节
3 热气
4 凉气
5 湿气

出版后记

什么样的灵感之源可以引领我们走进一个新时代？一个充满极具创意的新发明的时代，这些发明能显著改善人类的生活质量，简约又不失精致，智能且尊重我们的地球。

答案很可能就在大自然中。亿万年来，大自然中种类繁多的植物和动物经过优胜劣汰的进化过程，为了适应环境而不断完善自身的组织结构与性能，以形成高效低耗、自我更新、结构完整的系统，从而得以顽强地生存与繁衍，维持生态系统的平衡和延续，它们也由此形成了千奇百怪的形态和功能。这些多样性中包含了大量可以帮助解决技术问题的方法，对我们来说，利用大自然这座宝库提供的各种方法比毫无节制地利用它的全部资源更聪明，也更合理。但是，如何利用呢？

我们知道，古埃及人模仿棕榈树的外形来建造庙宇的支柱，台北 101 高楼模仿了竹子的结构；而模仿了鲨鱼皮肤的“神奇泳衣”由于效果太过显著，已被国际泳联禁用；我们还知道如今广泛使用的“蜂窝结构”材料源于对蜂巢的观察，而蜂巢的主人——蜜蜂，还启发计算机科学家提出了著名的“人工蜂群算法”……如果我们再翻阅一下航空史，就会看到其中写满了由细致观察自然而得出的发现。这些，就是“仿生学（Bionics）”。

仿生学，显而易见，就是对生命体的模仿、对自然过程的模仿，目的是创造新的技术或改良已有的技术。它尤其促进着环境无害型技术的发展，如无污染科技、可循环材料、可再生能源，以及显著减少能源消耗甚至零消耗的新技术。例如，模仿巨藻的形态来制造海浪发电机，模仿珊瑚虫的生物矿化作用来无污染地生产水泥，模仿草原生态系统来开发可持续的新型农业系统……这些听起来仍像一个温柔的梦境，在这里，人类文明的发展不再破坏环境，臭名昭著的污染事件、人为的土地退化不再发生，作为万物灵长的人类与自然万物能够和谐地生活在同一个地球上！

本书讲述的是植物和动物如何启发了发明家、工程师、建筑师、科学家，也讲述了仿生学如何成为现代科学研究中最有前景的学科之一。除前言外，本书一共 67 节，每一节以一种植物或动物为主题，各节根据物种所属的纲进行排序。在每一个对页里，左页正文介绍一种植物或动物启发一种或多种仿生发明的故事，并给出了这种植物或动物专门的简介；右页则是该植物或动物的标本照片，以及由插画师蒂特瓦内（Titwane）绘制的发明原理图；图中出现的法语或英语注解我们也尽量翻译为中文置于图旁（少数实在难以辨认的注解没有译为中文）。在前言中，作者不惜笔墨地讲述了仿生学的历史、前景和意义，以及仿生学在航空科学、机器人科学、信息科学、材料科学、生物化学、工程学、建筑学、生态学等领域所放的“异彩”。在正文中，除了与标题相关的发明以外，还有一些小模块，向我们展示了植物和动物各种奇特的策略，还有“想象出的发明”，或许在不远的将来我们都能看到。

本书的法语原版于2011年出版，日新月异的科技可能已经将书中所称的“我们或许能够发明”和“正在研究”变成了现实，而“目前已得到广泛应用”或许已经过时。但无论如何，这些仿生发明的故事依然充满趣味，我们从中看到的大自然的巧妙与慷慨，也永不过时。

另外还值得一提的是，作者玛特·富尼耶在巴黎第七大学和巴黎第八大学获得法语文学硕士和比较文学博士学位，本书灵活、俏皮的文风也可能源于此。更多关于仿生学的妙趣有待读者朋友们在阅读过程中悉心发现。

服务热线：133-6631-2326　188-1142-1266

服务信箱：reader@hinabook.com

后浪出版公司

2017 年 6 月

图书在版编目（CIP）数据

当自然赋予科技灵感 / (法) 玛特·富尼耶著 ; 潘文柱译. -- 南昌 : 江西人民出版社, 2017.10（2022.2重印）

ISBN 978-7-210-09617-7

Ⅰ. ①当… Ⅱ. ①玛… ②潘… Ⅲ. ①仿生－普及读物 Ⅳ. ①Q811-49

中国版本图书馆CIP数据核字(2017)第182988号

版权登记号: 14-2017-0370

当自然赋予科技灵感

作者：[法] 玛特 · 富尼耶　译者：潘文柱
责任编辑：冯雪松　胡小丽　特约编辑：彭　鹏　筹划出版：银杏树下
出版统筹：吴兴元　营销推广：ONEBOOK　装帧制造：墨白空间
出版发行：江西人民出版社　印刷：天津图文方嘉印刷有限公司
635 毫米 ×965 毫米　1/8　20 印张　字数 100 千字
2017年10月第1版　2022年2月第6次印刷
ISBN 978-7-210-09617-7
定价：128.00 元
赣版权登字 -01-2017-580

作者是谁?

玛特·富尼耶，1972 年生于普罗旺斯的艾克斯。她的童年和青年的大部分时间都在梅康图尔山林间度过。在那儿，她找到了自己的一项爱好——在树林中闲逛，如今这已成为她的日常活动。散步、攀岩、溜进灌木丛、濯足溪流间：还有更好的度日方式吗?

在同样的年纪、同样的山间，她找到了另一项爱好：写作。不顾周围人的反对，她立即下定决心不再从事别的职业。如今，离许下诺言已过去大约 30 年……

结束文学学业后，她成了自由记者，经常在《美国国家地理》(*National Geographic*) 等各类杂志上发表关于自然和法国地理人文的文章。

这样的工作除了为她提供了一个在林间散步的绝佳理由，还让她学习了更多关于动物、植物以及景观的知识。而且，“当我们知道得更多时，我们会更好奇”：这些发现给了她继续研究和投身自然写作中的欲望。

同时，她还是巴黎第八大学和美国康奈尔大学的文学和性别研究学者，现在生活在美国东北部的五指湖区域：那是一个完美的地方，尤其适合散步、攀岩、溜进灌木丛、濯足溪流间……

后浪微信 | hinabook

筹划出版 | 银杏树下

出版统筹 | 吴兴元 |
特约编辑 | 彭　鹏 | 责任编辑 | 冯雪松 胡小丽
装帧制造 | 墨白空间·李渔 | mobai@hinabook.com
后浪微博 | @后浪图书
读者服务 | reader@hinabook.com 188-1142-1266
投稿服务 | onebook@hinabook.com 133-6631-2326
直销服务 | buy@hinabook.com 133-6657-3072

后浪出版咨询(北京)有限责任公司
POST WAVE PUBLISHING CONSULTING (BEIJING) CO.,LTD